注册监理工程师继续教育培训必修课教材

（第二版）

中国建设监理协会　组织编写

中国建筑工业出版社

图书在版编目（CIP）数据

注册监理工程师继续教育培训必修课教材/中国建设监理协会组织编写. —2版. —北京：中国建筑工业出版社，2012.11
ISBN 978-7-112-14643-7

Ⅰ.①注… Ⅱ.①中… Ⅲ.①建筑工程-监督管理-工程技术人员-终生教育-教材 Ⅳ.①TU712

中国版本图书馆 CIP 数据核字（2012）第 209442 号

责任编辑：郦锁林　毕凤鸣
责任设计：赵明霞
责任校对：张　颖　陈晶晶

注册监理工程师继续教育培训必修课教材
（第二版）
中国建设监理协会　组织编写
*
中国建筑工业出版社出版、发行（北京西郊百万庄）
各地新华书店、建筑书店经销
北京红光制版公司制版
北京云浩印刷有限责任公司印刷
*
开本：787×1092 毫米　1/16　印张：10¾　字数：257 千字
2012 年 11 月第二版　　2015 年 9 月第八次印刷
定价：**30.00** 元
ISBN 978-7-112-14643-7
（22705）

前　言

根据《注册监理工程师管理规定》(建设部令第147号)，注册监理工程师需要通过继续教育及时掌握与工程监理有关的法律法规、政策及标准，熟悉工程监理与项目管理的新理论、新方法，了解工程建设新技术、新材料、新设备及新工艺，适时更新业务知识，不断提高业务素质和执业水平。

为满足全国注册监理工程师继续教育必修课培训需求，在2008版《全国监理工程师继续教育必修课教材》的基础上，中国建设监理协会组织专家编写了本教材。全书共分七部分，第一部分主要介绍2007年以来新颁布实施的法规、政策及标准；第二部分主要介绍《建设工程监理合同(示范文本)》(GF-2012-0202)；第三部分主要介绍九部委颁布的标准施工招标文件；第四部分主要介绍建设工程监理与项目管理一体化、工程建设全过程集成化管理等内容；第五部分主要介绍建设工程施工试验与检测；第六部分主要介绍建筑信息建模(BIM)技术及其在工程项目管理中的应用；第七部分主要介绍典型案例，包括：工程监理与项目管理一体化、安全生产管理及生产安全事故案例。

本书由刘伊生(北京交通大学教授、博士生导师)主编，刘长滨(北京建筑工程学院教授、博士生导师)、林之毅(中国建设监理协会副会长、高级工程师)主审。其中，第一章由温健(中国建设监理协会副秘书长、高级工程师)、王芬(住房和城乡建设部标准定额研究所高级工程师)编写，第二章由刘伊生编写，第三章由黄文杰(华北电力大学教授、博士生导师)编写，第四章、第五章由刘伊生编写，第六章由经纬(上海一测建设咨询有限公司工程师)、吕芳(上海现代建筑设计集团工程建设咨询有限公司高级工程师)编写，第七章由刘伊生、李炳瑞(上海一测建设咨询有限公司高级工程师)、周力成(上海市建设工程咨询行业协会高级工程师)编写。

由于作者水平及经验所限，书中缺点和谬误在所难免，敬请各位读者批评指正，不胜感激。

目　　录

第一章　建设工程监理相关法规及标准

第一节　建设工程监理相关法规、政策及标准

一、相关法规及政策框架体系

工程建设法规及政策包括法律、行政法规、部门规章和规范性文件，地方性法规、自治条例和单行条例、规章和规范性文件。

建设工程监理相关的法律、行政法规、部门规章和规范性文件框架体系如图 1-1 所示。

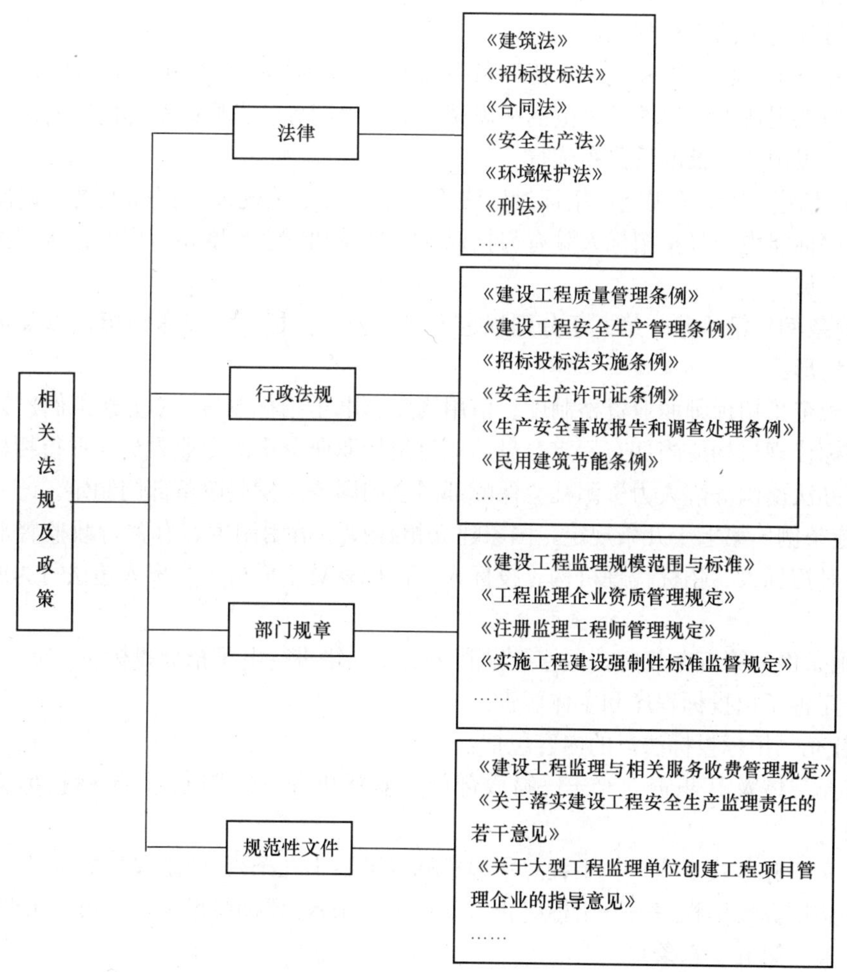

图 1-1　建设工程监理相关法律、行政法规、部门规章和规范性文件框架体系

二、相关法规

（一）招标投标法实施条例

为了规范招标投标活动，国务院于 2011 年 12 月 20 日颁布了《招标投标法实施条例》（国务院令第 613 号）（以下简称《实施条例》），细化、补充了《招标投标法》中关于招标、投标、开标、评标、中标等的规定，并增加了投诉与处理的相关规定。《招标投标法实施条例》自 2012 年 2 月 1 日起施行。

1.《实施条例》的总体情况

（1）明确了与《政府采购法》的适用分工。《实施条例》第二条规定，招标投标法第三条所称工程建设项目，是指工程以及与工程建设有关的货物、服务前款所称工程，是指建设工程，包括建筑物和构筑物的新建、改建、扩建及其相关的装修、拆除、修缮等；所称与工程建设有关的货物，是指构成工程不可分割的组成部分，且为实现工程基本功能所必需的设备、材料等；所称与工程建设有关的服务，是指为完成工程所需的勘察、设计、监理等服务。

《实施条例》第八十四条规定，政府采购的法律、行政法规对政府采购货物、服务的招标投标另有规定的，从其规定。

（2）补充了招标范围和规模、招标组织和方式。《实施条例》第三条规定，依法必须进行招标的工程建设项目的具体范围和规模标准，由国务院发展改革部门会同国务院有关部门制定，报国务院批准后公布施行。

《实施条例》第十条规定，招标投标法第十二条第二款规定的招标人具有编制招标文件和组织评标能力，是指招标人具有与招标项目规模和复杂程度相适应的技术、经济等方面的专业人员。

《实施条例》第八条、第九条分别规定了应当公开招标、可以邀请招标以及可以不进行招标的情形。

（3）规定了招标师职业资格制度、信用制度、电子招标制度。《实施条例》第十二条规定，招标代理机构应当拥有一定数量的取得招标职业资格的专业人员。取得招标职业资格的具体办法由国务院人力资源社会保障部门会同国务院发展改革部门制定。

《实施条例》第七十九条规定，国家建立招标投标信用制度。有关行政监督部门应当依法公告对招标人、招标代理机构、投标人、评标委员会成员等当事人违法行为的行政处理决定。

《实施条例》第五条规定，国家鼓励利用信息网络进行电子招标投标。

（4）完善了招投标程序和主体职责。

1）补充《招标投标法》的内容包括：

①补充主体及其职责 3 个——财政部门；监察机关（第四条）；招标投标交易场所（第五条）；

②补充招标形式 2 项——工程总承包招标（第二十九条）；两阶段招标（第三十条）；

③补充招标投标程序——招标终止（第三十一条）；评标结果公示（第五十四条）；履约能力审查（第五十六条）。

2）细化《招标投标法》的内容包括：

①细化了监督管理（第四、六、七、八十三条）；
②细化了招标代理（第十一、十三、十四条）；
③细化了招标公告和招标文件（第十五条、二十四至二十七条）；
④细化了投标资格审查（第十七至二十一条、二十三条）；
⑤细化了投标人的限制和变化（第三十四、三十八条）；
⑥细化了投标程序（第三十五至三十七条）；
⑦细化了评标专家库管理制度（第四十五条）；
⑧细化了评标程序（第四十六条、四十八至五十三条）；
⑨细化了中标程序（第五十七、五十八条）；
⑩细化了异议投诉制度（第六十、六十一、六十二条）。

（5）细化了法律责任。

1）招标投标违法行为的认定——投标人串通投标（第三十九条）；串通投标的认定（第四十条）；招标人与投标人串通投标（第四十一条）；以他人名义投标或弄虚作假（第四十二条）。

2）招标投标法律责任的补充——招标人的法律责任（第六十三、六十四、六十六、七十、七十三、七十五条）；投标（中标）人的法律责任（第六十七、六十八、六十九、七十四、七十六、七十七条）；招标代理机构、招标师的法律责任（第六十五、七十八条）；评标委员会成员的法律责任（第七十一、七十二条）；行政监督部门、国家工作人员的法律责任（第八十、八十一条）。

3）其他——异议或投诉（第七十七条）；招标、评标、中标无效的处理（第八十二条）。

2. 关于招标的具体规定

（1）公开招标与邀请招标的范围。《实施条例》第八条规定，国有资金占控股或者主导地位的依法必须进行招标的项目，应当公开招标；但有下列情形之一的，可以邀请招标：

1）技术复杂、有特殊要求或者受自然环境限制，只有少量潜在投标人可供选择；

2）采用公开招标方式的费用占项目合同金额的比例过大。

有上述第2）项所列情形，属于《实施条例》第七条规定的项目，由项目审批、核准部门在审批、核准项目时作出认定；其他项目由招标人申请有关行政监督部门作出认定。

（2）可以不招标的项目。《实施条例》第九条规定，除《招标投标法》第六十六条规定的可以不进行招标的特殊情况外，有下列情形之一的，可以不进行招标：

1）需要采用不可替代的专利或者专有技术；

2）采购人依法能够自行建设、生产或者提供；

3）已通过招标方式选定的特许经营项目投资人依法能够自行建设、生产或者提供；

4）需要向原中标人采购工程、货物或者服务，否则将影响施工或者功能配套要求；

5）国家规定的其他特殊情形。

招标人为适用上述规定弄虚作假的，属于《招标投标法》第四条规定的规避招标。

（3）资格预审文件或招标文件。

1）发售时间和费用。《实施条例》第十六条规定，招标人应当按照资格预审公告、招标公告或者投标邀请书规定的时间、地点发售资格预审文件或者招标文件。资格预审文件或者招标文件的发售期不得少于5日。

招标人发售资格预审文件、招标文件收取的费用应当限于补偿印刷、邮寄的成本支出，不得以营利为目的。

2）编制时间。《实施条例》第十七条规定，招标人应当合理确定提交资格预审申请文件的时间。依法必须进行招标的项目提交资格预审申请文件的时间，自资格预审文件停止发售之日起不得少于5日。

3）澄清或修改。《实施条例》第二十一条规定，招标人可以对已发出的资格预审文件或者招标文件进行必要的澄清或者修改。澄清或者修改的内容可能影响资格预审申请文件或者投标文件编制的，招标人应当在提交资格预审申请文件截止时间至少3日前，或者投标截止时间至少15日前，以书面形式通知所有获取资格预审文件或者招标文件的潜在投标人；不足3日或者15日的，招标人应当顺延提交资格预审申请文件或者投标文件的截止时间。

4）提出异议的时间。《实施条例》第二十二条规定，潜在投标人或者其他利害关系人对资格预审文件有异议的，应当在提交资格预审申请文件截止时间2日前提出；对招标文件有异议的，应当在投标截止时间10日前提出。招标人应当自收到异议之日起3日内作出答复；作出答复前，应当暂停招标投标活动。

(4) 投标保证金。《实施条例》第二十六条规定，招标人在招标文件中要求投标人提交投标保证金的，投标保证金不得超过招标项目估算价的2%。投标保证金有效期应当与投标有效期一致。

依法必须进行招标项目的境内投标单位，以现金或者支票形式提交的投标保证金应当从其基本账户转出。招标人不得挪用投标保证金。

(5) 标底与最高投标限价。《实施条例》第二十七条规定，招标人可以自行决定是否编制标底。一个招标项目只能有一个标底。标底必须保密。

接受委托编制标底的中介机构不得参加受托编制标底项目的投标，也不得为该项目的投标人编制投标文件或者提供咨询。

招标人设有最高投标限价的，应当在招标文件中明确最高投标限价或者最高投标限价的计算方法。招标人不得规定最低投标限价。

(6) 工程总承包招标。《实施条例》第二十九条规定，招标人可以依法对工程以及与工程建设有关的货物、服务全部或者部分实行总承包招标。以暂估价形式包括在总承包范围内的工程、货物、服务属于依法必须进行招标的项目范围且达到国家规定规模标准的，应当依法进行招标。

这里的暂估价，是指总承包招标时不能确定价格而由招标人在招标文件中暂时估定的工程、货物、服务的金额。

(7) 两阶段招标。《实施条例》第三十条规定，对技术复杂或者无法精确拟定技术规格的项目，招标人可以分两阶段进行招标。

第一阶段，投标人按照招标公告或者投标邀请书的要求提交不带报价的技术建议，招标人根据投标人提交的技术建议确定技术标准和要求，编制招标文件。

第二阶段，招标人向在第一阶段提交技术建议的投标人提供招标文件，投标人按照招标文件的要求提交包括最终技术方案和投标报价的投标文件。

招标人要求投标人提交投标保证金的，应当在第二阶段提出。

（8）终止招标。《实施条例》第三十一条规定，招标人终止招标的，应当及时发布公告，或者以书面形式通知被邀请的或者已经获取资格预审文件、招标文件的潜在投标人。已经发售资格预审文件、招标文件或者已经收取投标保证金的，招标人应当及时退还所收取的资格预审文件、招标文件的费用，以及所收取的投标保证金及银行同期存款利息。

（9）限制投标人。《实施条例》第三十二条规定，招标人有下列行为之一的，属于以不合理条件限制、排斥潜在投标人或者投标人：

1）就同一招标项目向潜在投标人或者投标人提供有差别的项目信息；

2）设定的资格、技术、商务条件与招标项目的具体特点和实际需要不相适应或者与合同履行无关；

3）依法必须进行招标的项目以特定行政区域或者特定行业的业绩、奖项作为加分条件或者中标条件；

4）对潜在投标人或者投标人采取不同的资格审查或者评标标准；

5）限定或者指定特定的专利、商标、品牌、原产地或者供应商；

6）依法必须进行招标的项目非法限定潜在投标人或者投标人的所有制形式或者组织形式；

7）以其他不合理条件限制、排斥潜在投标人或者投标人。

3. 关于投标的具体规定

（1）无效投标。《实施条例》第三十四条规定，与招标人存在利害关系可能影响招标公正性的法人、其他组织或者个人，不得参加投标。

单位负责人为同一人或者存在控股、管理关系的不同单位，不得参加同一标段投标或者未划分标段的同一招标项目投标。

违反上述规定的，相关投标均无效。

（2）投标文件。

1）撤回。《实施条例》第三十五条规定，投标人撤回已提交的投标文件，应当在投标截止时间前书面通知招标人。招标人已收取投标保证金的，应当自收到投标人书面撤回通知之日起5日内退还。

投标截止后投标人撤销投标文件的，招标人可以不退还投标保证金。

2）拒收和送达。《实施条例》第三十六条规定，未通过资格预审的申请人提交的投标文件，以及逾期送达或者不按照招标文件要求密封的投标文件，招标人应当拒收。

招标人应当如实记载投标文件的送达时间和密封情况，并存档备查。

（3）联合体投标。《实施条例》第三十七条规定，招标人应当在资格预审公告、招标公告或者投标邀请书中载明是否接受联合体投标。

招标人接受联合体投标并进行资格预审的，联合体应当在提交资格预审申请文件前组成。资格预审后联合体增减、更换成员的，其投标无效。

联合体各方在同一招标项目中以自己名义单独投标或者参加其他联合体投标的，相关投标均无效。

（4）投标人的合并、分立、破产。《实施条例》第三十八条规定，投标人发生合并、分立、破产等重大变化的，应当及时书面告知招标人。投标人不再具备资格预审文件、招标文件规定的资格条件或者其投标影响招标公正性的，其投标无效。

（5）投标人串标。

1）属于串标的情形。《实施条例》第三十九条规定，禁止投标人相互串通投标。有下列情形之一的，属于投标人相互串通投标：

①投标人之间协商投标报价等投标文件的实质性内容；

②投标人之间约定中标人；

③投标人之间约定部分投标人放弃投标或者中标；

④属于同一集团、协会、商会等组织成员的投标人按照该组织要求协同投标；

⑤投标人之间为谋取中标或者排斥特定投标人而采取的其他联合行动。

2）视为串标的情形。《实施条例》第四十条规定，有下列情形之一的，视为投标人相互串通投标：

①不同投标人的投标文件由同一单位或者个人编制；

②不同投标人委托同一单位或者个人办理投标事宜；

③不同投标人的投标文件载明的项目管理成员为同一人；

④不同投标人的投标文件异常一致或者投标报价呈规律性差异；

⑤不同投标人的投标文件相互混装；

⑥不同投标人的投标保证金从同一单位或者个人的账户转出。

（6）招标人与投标人串标。《实施条例》第四十一条规定，禁止招标人与投标人串通投标。有下列情形之一的，属于招标人与投标人串通投标：

1）招标人在开标前开启投标文件并将有关信息泄露给其他投标人；

2）招标人直接或者间接向投标人泄露标底、评标委员会成员等信息；

3）招标人明示或者暗示投标人压低或者抬高投标报价；

4）招标人授意投标人撤换、修改投标文件；

5）招标人明示或者暗示投标人为特定投标人中标提供方便；

6）招标人与投标人为谋求特定投标人中标而采取的其他串通行为。

（7）以他人名义投标。《实施条例》第四十二条规定，使用通过受让或者租借等方式获取的资格、资质证书投标的，属于《招标投标法》第三十三条规定的以他人名义投标。

投标人有下列情形之一的，属于《招标投标法》第三十三条规定的以其他方式弄虚作假的行为：

1）使用伪造、变造的许可证件；

2）提供虚假的财务状况或者业绩；

3）提供虚假的项目负责人或者主要技术人员简历、劳动关系证明；

4）提供虚假的信用状况；

5）其他弄虚作假的行为。

4．关于开标、评标和中标的具体规定

（1）开标。《实施条例》第四十四条规定，招标人应当按照招标文件规定的时间、地点开标。

投标人少于3个的，不得开标；招标人应当重新招标。

投标人对开标有异议的，应当在开标现场提出，招标人应当当场作出答复，并制作记录。

（2）评标。《实施条例》第四十九条规定，评标委员会成员应当依照招标投标法和本条例的规定，按照招标文件规定的评标标准和方法，客观、公正地对投标文件提出评审意见。招标文件没有规定的评标标准和方法不得作为评标的依据。

评标委员会成员不得私下接触投标人，不得收受投标人给予的财物或者其他好处，不得向招标人征询确定中标人的意向，不得接受任何单位或者个人明示或者暗示提出的倾向或者排斥特定投标人的要求，不得有其他不客观、不公正履行职务的行为。

（3）标底。《实施条例》第五十条规定，招标项目设有标底的，招标人应当在开标时公布。标底只能作为评标的参考，不得以投标报价是否接近标底作为中标条件，也不得以投标报价超过标底上下浮动范围作为否决投标的条件。

（4）废标。《实施条例》第五十一条规定，有下列情形之一的，评标委员会应当否决其投标：

1）投标文件未经投标单位盖章和单位负责人签字；

2）投标联合体没有提交共同投标协议；

3）投标人不符合国家或者招标文件规定的资格条件；

4）同一投标人提交两个以上不同的投标文件或者投标报价，但招标文件要求提交备选投标的除外；

5）投标报价低于成本或者高于招标文件设定的最高投标限价；

6）投标文件没有对招标文件的实质性要求和条件作出响应；

7）投标人有串通投标、弄虚作假、行贿等违法行为。

（5）投标偏差。《实施条例》第五十二条规定，投标文件中有含义不明确的内容、明显文字或者计算错误，评标委员会认为需要投标人作出必要澄清、说明的，应当书面通知该投标人。投标人的澄清、说明应当采用书面形式，并不得超出投标文件的范围或者改变投标文件的实质性内容。

评标委员会不得暗示或者诱导投标人作出澄清、说明，不得接受投标人主动提出的澄清、说明。

（6）评标报告。《实施条例》第五十三条，评标完成后，评标委员会应当向招标人提交书面评标报告和中标候选人名单。中标候选人应当不超过3个，并标明排序。

评标报告应当由评标委员会全体成员签字。对评标结果有不同意见的评标委员会成员应当以书面形式说明其不同意见和理由，评标报告应当注明该不同意见。评标委员会成员拒绝在评标报告上签字又不书面说明其不同意见和理由的，视为同意评标结果。

（7）中标候选人公示。《实施条例》第五十四条规定，依法必须进行招标的项目，招标人应当自收到评标报告之日起3日内公示中标候选人，公示期不得少于3日。

投标人或者其他利害关系人对依法必须进行招标的项目的评标结果有异议的，应当在中标候选人公示期间提出。招标人应当自收到异议之日起3日内作出答复；作出答复前，应当暂停招标投标活动。

（8）中标人。《实施条例》第五十五条规定，国有资金占控股或者主导地位的依法必须进行招标的项目，招标人应当确定排名第一的中标候选人为中标人。排名第一的中标候选人放弃中标、因不可抗力不能履行合同、不按照招标文件要求提交履约保证金，或者被查实存在影响中标结果的违法行为等情形，不符合中标条件的，招标人可以按照评标委员会提出的中标候选人名单排序依次确定其他中标候选人为中标人，也可以重新招标。

（9）履约能力审查。《实施条例》第五十六条规定，中标候选人的经营、财务状况发生较大变化或者存在违法行为，招标人认为可能影响其履约能力的，应当在发出中标通知书前由原评标委员会按照招标文件规定的标准和方法审查确认。

（10）合同签订。《实施条例》第五十七条规定，招标人和中标人应当依照招标投标法和本条例的规定签订书面合同，合同的标的、价款、质量、履行期限等主要条款应当与招标文件和中标人的投标文件的内容一致。招标人和中标人不得再行订立背离合同实质性内容的其他协议。

招标人最迟应当在书面合同签订后5日内向中标人和未中标的投标人退还投标保证金及银行同期存款利息。

（11）履约保证金。《实施条例》第五十八条规定，招标文件要求中标人提交履约保证金的，中标人应当按照招标文件的要求提交。履约保证金不得超过中标合同金额的10%。

（12）转让与分包。《实施条例》第五十九条规定，中标人应当按照合同约定履行义务，完成中标项目。中标人不得向他人转让中标项目，也不得将中标项目肢解后分别向他人转让。

中标人按照合同约定或者经招标人同意，可以将中标项目的部分非主体、非关键性工作分包给他人完成。接受分包的人应当具备相应的资格条件，并不得再次分包。

中标人应当就分包项目向招标人负责，接受分包的人就分包项目承担连带责任。

5. 关于投标人法律责任的具体规定

（1）串通投标。《实施条例》第六十七条规定，投标人相互串通投标或者与招标人串通投标的，投标人向招标人或者评标委员会成员行贿谋取中标的，中标无效；构成犯罪的，依法追究刑事责任；尚不构成犯罪的，依照《招标投标法》第五十三条的规定处罚。投标人未中标的，对单位的罚款金额按照招标项目合同金额依照招标投标法规定的比例计算。

投标人有下列行为之一的，属于《招标投标法》第五十三条规定的情节严重行为，由有关行政监督部门取消其1年至2年内参加依法必须进行招标的项目的投标资格：

1）以行贿谋取中标；

2）3年内2次以上串通投标；

3）串通投标行为损害招标人、其他投标人或者国家、集体、公民的合法利益，造成直接经济损失30万元以上；

4）其他串通投标情节严重的行为。

（2）弄虚作假。《实施条例》第六十八条规定，投标人以他人名义投标或者以其他方式弄虚作假骗取中标的，中标无效；构成犯罪的，依法追究刑事责任；尚不构成犯罪的，依照《招标投标法》第五十四条的规定处罚。依法必须进行招标的项目的投标人未中标的，对单位的罚款金额按照招标项目合同金额依照招标投标法规定的比例计算。

投标人有下列行为之一的，属于《招标投标法》第五十四条规定的情节严重行为，由有关行政监督部门取消其1年至3年内参加依法必须进行招标的项目的投标资格：

1）伪造、变造资格、资质证书或者其他许可证件骗取中标；

2）3 年内 2 次以上使用他人名义投标；

3）弄虚作假骗取中标给招标人造成直接经济损失 30 万元以上；

4）其他弄虚作假骗取中标情节严重的行为。

（3）出让或出租证书。《实施条例》第六十九条规定，出让或者出租资格、资质证书供他人投标的，依照法律、行政法规的规定给予行政处罚；构成犯罪的，依法追究刑事责任。

（4）不订立合同。《实施条例》第七十四条规定，中标人无正当理由不与招标人订立合同，在签订合同时向招标人提出附加条件，或者不按照招标文件要求提交履约保证金的，取消其中标资格，投标保证金不予退还。对依法必须进行招标的项目的中标人，由有关行政监督部门责令改正，可以处中标项目金额 10‰以下的罚款。

（5）改变合同内容。《实施条例》第七十五条规定，招标人和中标人不按照招标文件和中标人的投标文件订立合同，合同的主要条款与招标文件、中标人的投标文件的内容不一致，或者招标人、中标人订立背离合同实质性内容的协议的，由有关行政监督部门责令改正，可以处中标项目金额 5‰以上 10‰以下的罚款。

（6）违法分包和转让。《实施条例》第七十六条规定，中标人将中标项目转让给他人的，将中标项目肢解后分别转让给他人的，违反招标投标法和本条例规定将中标项目的部分主体、关键性工作分包给他人的，或者分包人再次分包的，转让、分包无效，处转让、分包项目金额 5‰以上 10‰以下的罚款；有违法所得的，并处没收违法所得；可以责令停业整顿；情节严重的，由工商行政管理机关吊销营业执照。

（二）生产安全事故报告和调查处理条例

为了规范生产安全事故的报告和调查处理，落实生产安全事故责任追究制度，防止和减少生产安全事故，国务院于 2007 年 4 月 9 日颁布了《生产安全事故报告和调查处理条例》（国务院令第 493 号），明确规定了生产安全事故的等级划分标准、报告及调查处理的原则、程序和内容，以及法律责任。

1. 生产安全事故等级

根据生产安全事故（以下简称事故）造成的人员伤亡或者直接经济损失，事故一般分为以下等级：

（1）特别重大事故，是指造成 30 人及以上死亡，或者 100 人及以上重伤（包括急性工业中毒，下同），或者 1 亿元及以上直接经济损失的事故；

（2）重大事故，是指造成 10 人及以上 30 人以下死亡，或者 50 人及以上 100 人以下重伤，或者 5000 万元及以上 1 亿元以下直接经济损失的事故；

（3）较大事故，是指造成 3 人及以上 10 人以下死亡，或者 10 人及以上 50 人以下重伤，或者 1000 万元及以上 5000 万元以下直接经济损失的事故；

（4）一般事故，是指造成 3 人以下死亡，或者 10 人以下重伤，或者 1000 万元以下直接经济损失的事故。

2. 事故报告

（1）事故报告程序。事故发生后，事故现场有关人员应当立即向本单位负责人报告；单位负责人接到报告后，应当于 1h 内向事故发生地县级以上人民政府安全生产监督管理部门和负有安全生产监督管理职责的有关部门报告。

情况紧急时，事故现场有关人员可以直接向事故发生地县级以上人民政府安全生产监督管理部门和负有安全生产监督管理职责的有关部门报告。

（2）事故报告的内容。事故报告应当及时、准确、完整，任何单位和个人对事故不得迟报、漏报、谎报或者瞒报。事故报告的内容包括：

1）事故发生单位概况；

2）事故发生的时间、地点以及事故现场情况；

3）事故的简要经过；

4）事故已经造成或者可能造成的伤亡人数（包括下落不明的人数）和初步估计的直接经济损失；

5）已经采取的措施；

6）其他应当报告的情况。

事故报告后出现新情况的，应当及时补报。自事故发生之日起30日内，事故造成的伤亡人数发生变化的，应当及时补报。道路交通事故、火灾事故自发生之日起7日内，事故造成的伤亡人数发生变化的，应当及时补报。

（3）事故报告后的处置。事故发生单位负责人接到事故报告后，应当立即启动事故相应应急预案，或者采取有效措施，组织抢救，防止事故扩大，减少人员伤亡和财产损失。

事故发生地有关地方人民政府、安全生产监督管理部门和负有安全生产监督管理职责的有关部门接到事故报告后，其负责人应当立即赶赴事故现场，组织事故救援。

事故发生后，有关单位和人员应当妥善保护事故现场以及相关证据，任何单位和个人不得破坏事故现场、毁灭相关证据。

因抢救人员、防止事故扩大以及疏通交通等原因，需要移动事故现场物件的，应当作出标志，绘制现场简图并做出书面记录，妥善保存现场重要痕迹、物证。

3. 事故调查处理

事故调查处理应当坚持实事求是、尊重科学的原则，及时、准确地查清事故经过、事故原因和事故损失，查明事故性质，认定事故责任，总结事故教训，提出整改措施，并对事故责任者依法追究责任。

（1）事故调查。事故调查组有权向有关单位和个人了解与事故有关的情况，并要求其提供相关文件、资料，有关单位和个人不得拒绝。

事故发生单位的负责人和有关人员在事故调查期间不得擅离职守，并应当随时接受事故调查组的询问，如实提供有关情况。

（2）事故处理。有关机关应当按照人民政府的批复，依照法律、行政法规规定的权限和程序，对事故发生单位和有关人员进行行政处罚，对负有事故责任的国家工作人员进行处分。

事故发生单位应当按照负责事故调查的人民政府的批复，对本单位负有事故责任的人员进行处理。

负有事故责任的人员涉嫌犯罪的，依法追究刑事责任。

4. 法律责任

（1）事故发生单位主要负责人有下列行为之一的，处上一年年收入40%～80%的罚款；属于国家工作人员的，并依法给予处分；构成犯罪的，依法追究刑事责任：

1）不立即组织事故抢救的；

2）迟报或者漏报事故的；

3）在事故调查处理期间擅离职守的。

（2）事故发生单位及其有关人员有下列行为之一的，对事故发生单位处100万元以上500万元以下的罚款；对主要负责人、直接负责的主管人员和其他直接责任人员处上一年年收入60%～100%的罚款；属于国家工作人员的，并依法给予处分；构成违反治安管理行为的，由公安机关依法给予治安管理处罚；构成犯罪的，依法追究刑事责任：

1）谎报或者瞒报事故的；

2）伪造或者故意破坏事故现场的；

3）转移、隐匿资金、财产，或者销毁有关证据、资料的；

4）拒绝接受调查或者拒绝提供有关情况和资料的；

5）在事故调查中作伪证或者指使他人作伪证的；

6）事故发生后逃匿的。

（3）事故发生单位对事故发生负有责任的，依照下列规定处以罚款：

1）发生一般事故的，处10万元以上20万元以下的罚款；

2）发生较大事故的，处20万元以上50万元以下的罚款；

3）发生重大事故的，处50万元以上200万元以下的罚款；

4）发生特别重大事故的，处200万元以上500万元以下的罚款。

（4）事故发生单位主要负责人未依法履行安全生产管理职责，导致事故发生的，依照下列规定处以罚款；属于国家工作人员的，并依法给予处分；构成犯罪的，依法追究刑事责任：

1）发生一般事故的，处上一年年收入30%的罚款；

2）发生较大事故的，处上一年年收入40%的罚款；

3）发生重大事故的，处上一年年收入60%的罚款；

4）发生特别重大事故的，处上一年年收入80%的罚款。

（5）事故发生单位对事故发生负有责任的，由有关部门依法暂扣或者吊销其有关证照；对事故发生单位负有事故责任的有关人员，依法暂停或者撤销其与安全生产有关的执业资格、岗位证书；事故发生单位主要负责人受到刑事处罚或者撤职处分的，自刑罚执行完毕或者受处分之日起，5年内不得担任任何生产经营单位的主要负责人。

三、相关政策

为了贯彻落实《国务院关于加快发展服务业的若干意见》和《国务院关于投资体制改革的决定》的精神，推进有条件的大型工程监理单位创建工程项目管理企业，适应我国投资体制改革和工程项目组织实施方式改革的需要，提高工程建设管理水平，增强工程监理单位的综合实力及国际竞争力，2008年11月12日建设部发布了《关于大型工程监理单位创建工程项目管理企业的指导意见》（建市［2008］226号）。

（一）工程项目管理企业的基本特征

工程项目管理企业是以工程项目管理专业人员为基础，以工程项目管理技术为手段，以工程项目管理服务为主业，具有与提供专业化工程项目管理服务相适应的组织机构、项目管理体系、项目管理专业人员和项目管理技术，通过提供项目管理服务，创造价值并获取利润的企业。工程项目管理企业应具备以下基本特征：

(1) 具有工程项目投资咨询、勘察设计管理、施工管理、工程监理、造价咨询和招标代理等方面能力，能够在工程项目决策阶段为业主编制项目建议书、可行性研究报告，在工程项目实施阶段为业主提供招标管理、勘察设计管理、采购管理、施工管理和试运行管理等服务，代表业主对工程项目的质量、安全、进度、费用、合同、信息、环境、风险等方面进行管理。根据合同约定，可以为业主提供全过程或分阶段项目管理服务。

(2) 具有与工程项目管理服务相适应的组织机构和管理体系，在企业的组织结构、专业设置、资质资格、管理制度和运行机制等方面满足开展工程项目管理服务的需要。

(3) 掌握先进、科学的项目管理技术和方法，拥有先进的工程项目管理软件，具有完善的项目管理程序、作业指导文件和基础数据库，能够实现工程项目的科学化、信息化和程序化管理。

(4) 拥有配备齐全的专业技术人员和复合型管理人员构成的高素质人才队伍。配备与开展全过程工程项目管理服务相适应的注册监理工程师、注册造价工程师、一级注册建造师、一级注册建筑师、勘察设计注册工程师等各类执业人员和专业工程技术人员。

(5) 具有良好的职业道德和社会责任感，遵守国家法律法规、标准规范，科学、诚信地开展项目管理服务。

(二) 创建工程项目管理企业的基本原则和措施

创建工程项目管理企业的大型工程监理单位（以下简称创建单位）要按照科学发展观的要求，适应社会主义市场经济和与国际惯例接轨的需要，因地制宜、实事求是地开展创建工程项目管理企业的工作。在创建过程中，应以工程项目管理企业的基本特征为目标，制定企业发展战略，分步实施。

(1) 提高认识，明确目标。创建单位要充分认识到工程项目管理服务是服务业的重要组成部分，是国际通行的工程项目管理组织模式；创建工程项目管理企业是适应国务院关于深化投资体制改革和加快发展服务业的政策要求，是工程建设领域工程项目管理专业化、社会化、科学化发展的市场需要，也是工程监理单位拓展业务领域、提升竞争实力的有效途径。创建单位应结合自身的实际情况，制订创建工程项目管理企业的发展战略和实施计划。

(2) 完善组织机构，健全运行机制。创建单位应根据工程项目管理服务的需求，设置相应的企业组织机构，建立健全项目管理制度，逐步完善工程项目管理服务的运行机制。应按照工程项目管理服务的特点，组建项目管理机构，制定项目管理人员岗位职责，配备满足项目需要的专业技术管理人员，选派具有相应执业能力和执业资格的专业人员担任项目经理。

(3) 完善项目管理体系文件，应用项目管理软件。创建单位应逐步建立完善项目管理程序文件、作业指导书和基础数据库，应用先进、科学的项目管理技术和方法，改善和充实工程项目管理技术装备，建立工程项目管理计算机网络系统，引进或开发项目管理应用软件，形成工程项目管理综合数据库，在工程项目管理过程中实现计算机网络化管理，档案管理制度健全完善。

(4) 实施人才战略，培养高素质的项目管理团队。创建单位应制定人才发展战略，落实人才培养计划，通过多种渠道、多种方式，有计划、有目的地培养和引进工程项目管理专业人才，特别是具有相应执业资格和丰富项目管理实践经验的高素质人才，并通过绩效管理提高全员的业务水平和管理能力，培养具有协作和敬业精神的项目管理团队。

（5）树立良好的职业道德，诚信开展项目管理服务。创建单位应通过交流、学习等方式不断强化职业道德教育，制定项目管理职业操守及行为准则，严格遵守国家法律法规，执行标准规范，信守合同，能够与业主利益共享、风险同当地开展项目管理服务活动。

第二节 工程建设相关标准

一、工程建设标准概述

工程建设标准是指为在工程建设领域内获得最佳秩序，对各类建设工程的勘察、规划、设计、施工、验收、运行、管理、维护、加固、拆除等活动和结果需要协调统一的事项所制定的共同的、重复使用的技术依据和准则，经协商一致并由公认机构审查批准，以科学技术和实践经验的综合成果为基础，以保证工程建设的安全、质量、环境和公众利益为核心，以促进最佳社会效益、经济效益、环境效益和最佳效率为目的。

工程建设标准之间存在着客观的内在联系，它们相互依存、相互制约、相互补充和衔接，成为一个科学的有机整体，构成工程建设标准体系。从理论上讲，标准体系就是一定数量（包括现行、在编和拟编）的标准项目，按照其相互间内在或外在的关联关系，遵循一定的划分或组合规则，为实现某项或多项目标而构成的一个或多个标准系列及其集合。

在实际中，一方面表现为已在实施的所有现行标准项目的集合，即现行标准所构成的现实体系；另一方面也表现为标准批准部门在一定时期做出的具有前瞻性的标准项目计划或规划。上述二者结合在一起，构成既具备实用性（满足现实需求）又具备发展性（动态的、开放的）的完整标准体系。与工程建设某一专业有关的标准，可以构成该专业的工程建设标准体系。与某一工程建设行业有关的标准，可以构成该行业的工程建设标准体系。以实现全国工程建设标准化为目的的所有工程建设标准，可以形成全国工程建设标准体系。

通过建立并实施科学规范的工程建设标准体系，可以达到工程建设标准结构优化、数量合理、全面覆盖、减少重复和矛盾，做到以最小的资源投入获得最大的标准化效果的目的，可以实现对工程建设标准化的科学管理和标准项目的合理布局，使工程建设标准适时、全面覆盖工程建设活动的各个领域和各个环节，从而保障工程建设活动的有据有序进行。

工程建设标准体系包括：城乡规划、城镇建设、房屋建筑、石油化工工程、电力工程、纺织工程、医药工程、化工工程、林业工程、冶金工程、有色金属工程、电子工程、铁路工程、工程防火、建材工程、煤炭工程和石油天然气工程等17部分。

工程建设标准体系框架如图1-2所示。

每部分体系中的综合标准（图1-2左侧）均是涉及质量、安全、卫生、环保和公众利益等方面的目标要求或为达到这些目标而必需的技术要求及管理要求。它对该部分所包含各专业的各层次标准均具有制约和指导作用。

每部分体系中所含各专业的标准分体系（图1-2右侧），按各自学科或专业内涵排列，在体系框图中竖向分为基础标准、通用标准和专用标准三个层次。上层标准的内容包括其

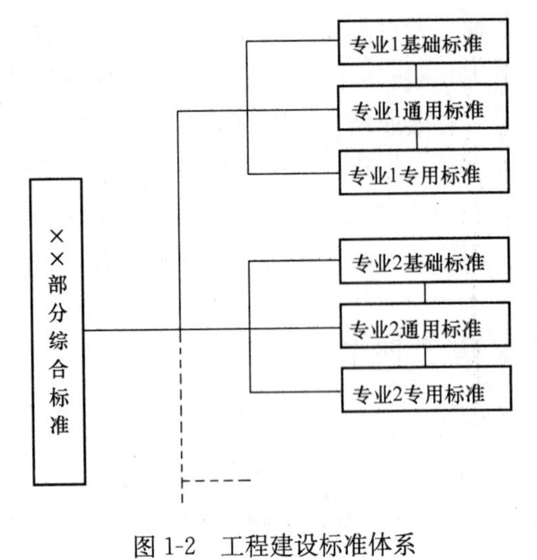

图 1-2　工程建设标准体系（××部分）示意图

以下各层标准的某个或某些方面的共性技术要求，并指导其下各层标准，共同成为综合标准的技术支撑。

每部分综合标准（图 1-2 左侧）具体化为一项或若干项全文强制标准，使其自身亦形成“体系”。如房屋建筑部分综合标准可含《住宅建筑规范》、《公共建筑规范》、《建筑防火规范》等系列全文强制标准，覆盖房屋建筑领域的所有需要强制的对象及环节。此部分综合标准体系相当于“房屋建筑技术法规体系”。以此类推，城乡规划部分可能有《城乡规划规范》；而城镇建设部分可能依据专业设立有多项全文强制标准构成“城乡建设技术法规体系”，含《城镇燃气技术规范》、《城镇公交技术规范》、《城镇给水排水技术规范》、《生活垃圾处理技术规范》等。

房屋建筑部分建筑设计专业分层标准体系示意如图 1-3 所示。

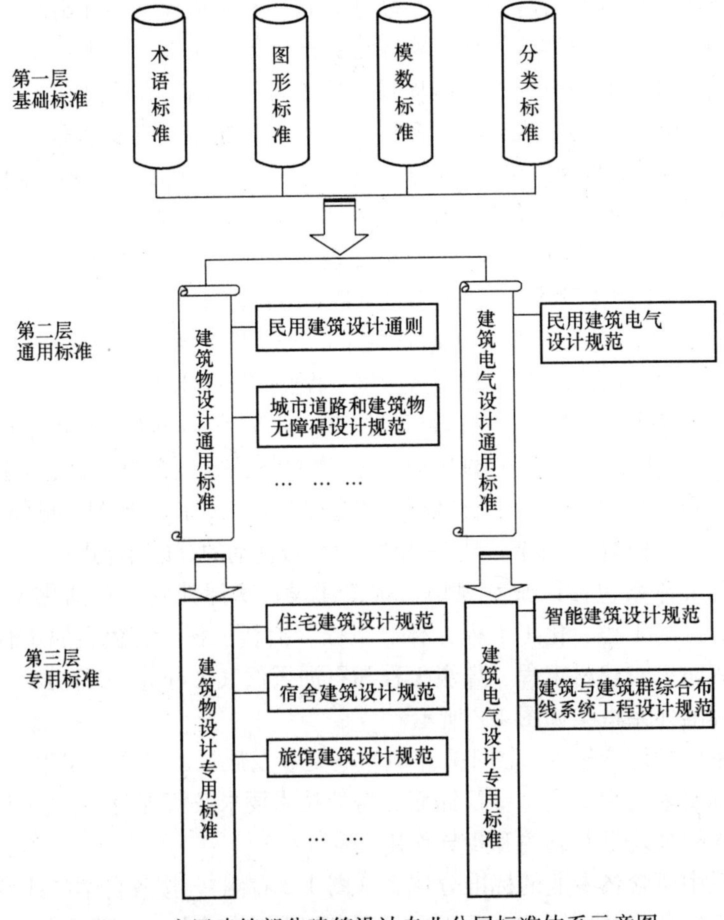

图 1-3　房屋建筑部分建筑设计专业分层标准体系示意图

二、工程建设强制性标准

工程建设强制性标准是技术法规性文件，是理论与实践相结合的成果，是工程质量安全管理的核心。严格按照标准、规范、规程去执行，在正常设计、正常施工、正常使用的情况下，工程的安全和质量是能够得到保证的。

（一）混凝土

我国现行工程建设标准中，涉及混凝土的标准共有 41 部，其中包括强制性条文的标准有 10 部。具体包括《混凝土结构工程施工规范》GB 50666—2011、《钢筋混凝土筒仓施工与质量验收规范》GB 50669—2011、《混凝土结构设计规范》GB 50010—2010、《钢管混凝土工程施工质量验收规范》GB 50628—2010、《大体积混凝土施工规范》GB 50496—2009、《混凝土结构工程施工质量验收规范》GB 50204—2002、《冷轧带肋钢筋混凝土结构技术规程》JGJ 95—2011、《普通混凝土配合比设计规程》JGJ 55—2011 和《混凝土质量控制标准》GB 50164—2011。

1.《混凝土结构工程施工规范》中的强制性要求

（1）模板及支架应根据施工过程中的各种工况进行设计，应具有足够的承载力和刚度，并应保证其整体稳固性。

（2）当需要进行钢筋代换时，应办理设计变更文件。

（3）对有抗震设防要求的结构，其纵向受力钢筋的性能应满足设计要求；当设计无具体要求时，对按一、二、三级抗震等级设计的框架和斜撑构件（含梯段）中的纵向受力普通钢筋应采用 HRB335E、HRB400E、HRB500E、HRBF335E、HRBF400E 或 HRBF500E 钢筋，其强度和最大力下总伸长率的实测值，应符合下列规定：

1）钢筋的抗拉强度实测值与屈服强度实测值的比值不应小于 1.25；

2）钢筋的屈服强度实测值与屈服强度标准值的比值不应大于 1.30；

3）钢筋的最大力下总伸长率不应小于 9%。

（4）当预应力筋需要代换时，应进行专门计算，并应经原设计单位确认。

（5）预应力筋在张拉中应避免断裂或滑脱。当发生断裂或滑脱时，应符合下列规定：

1）对后张法预应力结构构件，断裂或滑脱的数量严禁超过同一截面预应力筋总根数的 3%，且每束钢丝或每根钢绞线不得超过一丝；对多跨双向连续板，其同一截面应按每跨计算；

2）对先张法预应力构件，在浇筑混凝土前发生断裂或滑脱的预应力筋必须更换。

（6）混凝土细骨料中氯离子含量，对钢筋混凝土按干砂的质量百分率计算不得大于 0.06%；对预应力混凝土，按干砂的质量百分率计算不得大于 0.02%。

（7）未经处理的海水严禁用于钢筋混凝土结构和预应力混凝土结构中混凝土的拌制和养护。

（8）应对水泥的强度、安定性及凝结时间进行检验。同一生产厂家、同一等级、同一品种、同一批号且连续进场的水泥，袋装水泥不超过 200t 应为一批，散装水泥不超过 500t 应为一批。

（9）当使用中水泥质量受不利环境影响或水泥出厂超过三个月（快硬硅酸盐水泥超过一个月）时，应进行复验，并按复验结果使用。

（10）混凝土运输、输送、浇筑过程中严禁加水；混凝土运输、输送、浇筑过程中散落的混凝土严禁用于混凝土结构构件的浇筑。

2.《混凝土结构工程施工质量验收规范》中的强制性要求

(1) 钢筋进场时，应按国家现行相关标准的规定抽取试件作力学性能和重量偏差检验，检验结果必须符合有关标准的规定。

检查数量：按进场的批次和产品的抽样检验方案确定。

检验方法：检查出厂合格证、出厂检验报告和进场复验报告。

(2) 对有抗震设防要求的结构，其纵向受力钢筋的性能应满足设计要求。当设计无具体要求时，对按一、二、三级抗震等级设计的框架和斜撑构件（含梯段）中的纵向受力钢筋应采用 HRB335E、HRB400E、HRB500E、HRBF335E、HRBF400E 或 HRBF500E 钢筋，其强度和最大力下总伸长率的实测值应符合下列规定：

1) 钢筋的抗拉强度实测值与屈服强度实测值的比值不应小于 1.25；

2) 钢筋的屈服强度实测值与屈服强度标准值的比值不应大于 1.30；

3) 钢筋的最大力下总伸长率不应小于 9%。

检查数量：按进场的批次和产品的抽样检验方案确定。

检查方法：检查进场复验报告。

(二) 地基基础

我国现行工程建设标准中，涉及地基基础的标准共有 3 部，其中包括强制性条文的标准有 2 部。具体包括《冻土地区建筑地基基础设计规范》JGJ 118—2011 和《建筑地基基础设计规范》GB 50007—2011。

(三) 钢结构

我国现行工程建设标准中，涉及钢结构并包括强制性条文的标准有 2 部，即：《钢结构高强度螺栓连接技术规程》JGJ 82—2011 和《钢结构工程施工规范》GB 50755—2012。

1.《钢结构高强度螺栓连接技术规程》中的强制性要求

(1) 在同一连接接头中，高强度螺栓连接不应与普通螺栓连接混用。承压型高强度螺栓连接不应与焊接连接并用。

(2) 每一杆件在高强度螺栓连接节点及拼接接头的一端，其连接的高强度螺栓数量不应少于 2 个。

(3) 高强度螺栓连接副应按批配套进场，并附有出厂质量保证书。高强度螺栓连接副应在同批内配套使用。

(4) 高强度螺栓连接处的钢板表面处理方法及除锈等级应符合设计要求。连接处钢板表面应平整、无焊接飞溅、无毛刺、无油污。经处理后的摩擦型高强度螺栓连接的摩擦面抗滑移系数应符合设计要求。

(5) 在安装过程中，不得使用螺纹损伤及沾染脏物的高强度螺栓连接副，不得用高强度螺栓兼作临时螺栓。

(6) 安装高强度螺栓时，严禁强行穿入。当不能自由穿入时，该孔应用铰刀进行修整，修整后孔的最大直径不应大于 1.2 倍螺栓直径，且修孔数量不应超过该节点螺栓数量的 25%。修孔前应将四周螺栓全部拧紧，使板迭密贴后再进行铰孔。严禁气割扩孔。

2.《钢结构工程施工规范》中的强制性要求

(1) 钢结构吊装作业必须在起重设备的额定起重量范围内进行。

(2) 用于吊装的钢丝绳、吊装带、卸扣、吊钩等吊具应经检查合格，并应在其额定许用荷载范围内使用。

（四）砌体结构

我国现行工程建设标准中，涉及砌体结构的标准共有4部，其中包括强制性条文的标准有3部。具体包括：《砌体结构加固设计规范》GB 50702—2011、《砌体结构设计规范》GB 50003—2011和《砌体结构工程施工质量验收规范》GB 50203—2011。

（五）抗震

我国现行工程建设标准中，涉及抗震的标准总共有3部，其中包括强制性条文的标准共有3部。具体包括：《建筑抗震鉴定标准》GB 50023—2009、《铁路工程抗震设计规范》GB 50111—2006和《建筑抗震设计规范》GB 50011—2010。

（六）土石方工程

我国现行工程建设标准中，涉及土石方工程的标准有1部，即：《建筑施工土石方工程安全技术规》JGJ 180—2009。

三、绿色建筑评价标准

根据《绿色建筑评价标准》GB/T 50378—2006，绿色建筑是指在建筑的全寿命周期内，最大限度地节约资源（节能、节地、节水、节材），保护环境和减少污染，为人们提供健康、适用和高效的使用空间，与自然和谐共生的建筑。

绿色建筑是将可持续发展理念引入建筑领域的结果，将成为未来建筑的主导趋势。目前，世界各国普遍重视绿色建筑的研究，许多国家和组织都在绿色建筑方面制定了相关政策和评价体系，有的已着手研究编制可持续建筑标准。由于世界各国经济发展水平、地理位置和人均资源等条件不同，对绿色建筑的研究与理解也存在差异。

我国政府从基本国情出发，从人与自然和谐发展、节约能源、有效利用资源和保护环境的角度，提出发展“节能省地型住宅和公共建筑”，主要内容是节能、节地、节水、节材与环境保护，注重以人为本，强调可持续发展。从这个意义上讲，节能省地型住宅和公共建筑与绿色建筑、可持续建筑虽然提法不同，但内涵相通，具有某种一致性，是具有中国特色的绿色建筑和可持续建筑理念。

《国民经济和社会发展十二五规划纲要》明确指出，“建筑业要推广绿色建筑”。绿色建筑将成为我国建筑的发展方向。

《绿色建筑评价标准》适用于评价住宅建筑和公共建筑中的办公建筑、商场建筑和旅馆建筑。评价指标体系包括以下六大类指标：①节地与室外环境；②节能与能源利用；③节水与水资源利用；④节材与材料资源利用；⑤室内环境质量；⑥运营管理。

各大类指标中的具体指标分为控制项、一般项和优选项三类。其中，控制项是指绿色建筑的必备指标项；优选项主要指实现难度较大、指标要求较高的指标项。对同一对象，可根据需要和可能分别提出对应于控制项、一般项和优选项的指标要求。

按照满足一般项和优选项的程度，绿色建筑可划分为三个等级（依次为★、★★、★★★）。

绿色建筑以建筑群或建筑单体为对象，评价单栋建筑时，凡涉及室外环境的指标，以该栋建筑所处环境的评价结果为准。对新建、扩建和改建的住宅建筑或公共建筑的评价，应在其投入使用一年后进行。

第二章　建设工程监理合同

第一节　合同修订的依据和主要内容

随着我国建设工程监理相关法规及政策的不断完善，特别是《建设工程安全生产管理条例》等行政法规的颁布实施，以及建设单位对涵盖策划决策、建设实施全过程项目管理服务等方面的需求，原《建设工程委托监理合同（示范文本）》已不能完全满足建设工程监理与相关服务实践的需要。因此，非常有必要进行修订。

一、修订依据

修订《建设工程委托监理合同（示范文本）》的主要依据是：国家有关法律、法规和规章，并参考 FIDIC《客户/咨询工程师（单位）服务协议书范本》（1998）、世界银行《选择咨询工程师标准招标文件一咨询服务标准合同格式》（2004）、美国 AIA《业主与建筑师标准合同文本》（1997 版）和香港《设计和建造工程委托咨询工程师通用合同条件》（1997）等。此外，还综合考虑了九部委联合颁布的《标准施工招标文件》（第 56 号令）中《通用合同条款》的相关内容。

二、修订的主要内容

本次修改和调整的主要内容包括：合同文件名称、合同文件结构和部分合同条款。

（一）合同文件名称

将《建设工程委托监理合同》修改为《建设工程监理合同》，主要原因在于：没有必要将合同的性质（委托合同）体现在名称中。这样，不仅与国内其他合同相协调（如：《建设工程施工合同》），而且也符合国际通行做法。

（二）合同文件结构

《建设工程委托监理合同（示范文本）》规定，合同文件包括“建设工程委托监理合同”、“标准条件”和“专用条件”三个组成部分，造成标准格式的“建设工程监理委托合同”与总的合同用词重复，容易导致概念混淆。修订后的示范文本将合同文件的组成部分“建设工程监理委托合同”改为“协议书”，并将“标准条件”改为“通用条件”，不仅与《建设工程施工合同（示范文本）》相一致，而且与国际惯例相协调。

原合同文件由“建设工程委托监理合同”、“标准条件”和“专用条件”三部分组成，修订后的合同文件包括“协议书”、“通用条件”、“专用条件”、附录 A 和附录 B 五部分。

（三）通用条件

修订后的示范文本通用条件主要为双方义务、责任和管理程序的规定，针对具体工程的约定则置于专用条件和附录 A、附录 B 之中。与原示范文本相比，修订后的示范文本更为具体、明确，有利于合同的履行。通用条件中修改和增加的条款主要在以下几个方面：

（1）“定义与解释”中，明确说明了合同中重要的用词和用语，避免产生矛盾或歧义。修订后的示范文本对18个专用词语进行了定义，比原示范文本定义要多。

（2）将原示范文本中的权利、义务、职责调整为义务、责任两部分。体现一方的义务即为对方的权利，避免了原示范文本中监理人相对于委托人的合同权利与委托人授予监理人在建设工程监理合同履行过程中可行使的权力之间的概念冲突。

（3）将原示范文本中的“附加工作”和“额外工作”合并为“附加工作”。虽然“附加工作”与“额外工作”的性质不同，附加工作是与正常服务相关的工作；额外工作是主观或客观情况发生变化时监理人必须增加的工作内容。但二者均属于超过合同约定范围的工作，且补偿的原则和方法相同。为便于合同履行中的管理，修订后的示范文本将二者均归于“附加工作”。

（4）依据建设工程监理相关法规，明确了建设工程监理的基本工作内容，列出22项监理人必须完成的监理工作。如果委托人需要监理人完成更大范围或更多的建设工程监理工作，还可在专用条件中补充约定。

（5）原示范文本中未规定合同文件出现矛盾或歧义时的解释顺序，修订后的示范文本不仅调整了合同文件的组成，还明确了合同文件组成部分的解释顺序。

（6）增加了更换项目监理机构人员的情形。修订后的示范文本中明确了更换监理人员的6种情形，此外，委托人与监理人还可在专用条件中约定可更换监理人员的其他情形。

（7）突出了监理人的管理地位，明确了监理人的工作原则。增加了“在建设工程监理与相关服务范围内，委托人和承包人提出的意见和要求，监理人应及时提出处置意见。当委托人与承包人之间发生合同争议时，监理人应与委托人、承包人协商解决”。

（8）遵循《合同法》关于违约赔偿的规定，取消了原示范文本中监理人因过失对委托人的最高赔偿原则是扣除税金后的全部建设工程监理费用的规定，体现委托人和监理人的赔偿平等原则。

（9）增加因工程规模或范围的变化导致监理人的工作量减少时，酬金应作相应调整的条款，体现委托人与监理人的权利平等。

（10）原示范文本中有关时间的约定无一定规律，如30日、35日等，参照国际惯例，修订后的示范文本中的时间均按周计算，即7天的倍数，不仅增强了科学性，也便于使用者掌握。

（11）增加了协议书签订后，有关的法律法规、强制性标准的颁布及修改导致服务酬金、服务时间的变化时，需进行相应调整的条款。

（12）新增合同当事人双方履行义务后合同终止的条件，使合同管理更趋规范化。

（四）专用条件

原示范文本中，合同当事人就委托建设工程监理的所有约定均置于专用条件中，导致实践中很多内容约定不够全面、具体，修订后的示范文本针对委托工程的约定分为专用条件和附录A、附录B三部分。

专用条件留给委托人和监理人以较大的协商约定空间，便于贯彻当事人双方自主订立合同的原则。为了保证合同的完整性，凡通用条件中条款说明需在专用条件约定的内容，在专用条件中均以相同的条款序号给出需要约定的内容或相应的计算方法，以便于合同的订立。

（五）附录A

为便于工程监理单位拓展服务范围，修订后的示范文本将工程监理单位在工程勘察、设计、招标、保修等阶段的服务及其他咨询服务定义为“相关服务”。如果建设单位将全部或部分相关服务委托工程监理单位完成时，应在附录A中明确约定委托的工作内容和范围。建设单位根据工程建设管理需要，可以自主委托全部内容，也可以委托某个阶段的工作或部分服务内容。若建设单位（委托人）仅委托建设工程监理，则不需要填写附录A。

（六）附录B

为便于进一步细化合同义务，参照FIDIC等合同示范文本，增加了附录B。委托人为监理人开展正常监理工作派遣的人员和无偿提供的房屋、资料、设备，应在附录B中明确约定提供的内容、数量和时间。

第二节　双方义务及违约责任

一、工程监理与相关服务

（一）工程监理

工程监理是指监理单位受建设单位的委托，依照法律法规、工程建设标准、勘察设计文件及合同，在施工阶段对建设工程质量、进度、造价进行控制，对合同、信息进行管理，对工程建设相关方的关系进行协调，并履行建设工程安全生产管理法定职责的服务活动。

工程监理的主要依据包括：①法律法规，如《建筑法》、《建设工程质量管理条例》、《建设工程安全生产管理条例》及相关政策等；②工程建设标准及勘察设计文件；③合同文件。这里的合同文件既包括建设单位与监理单位签订的建设工程监理合同（即本合同），也包括建设单位与承包单位签订的建设工程合同。

根据《建筑法》第三十二条，“建筑工程监理应当依照法律、行政法规及有关的技术标准、设计文件和建筑工程承包合同，对承包单位在施工质量、建设工期和建设资金使用等方面，代表建设单位实施监督”。因此，监理单位代表建设单位对工程的施工质量、进度、造价进行控制是其基本工作内容和任务，对合同、信息进行管理及协调工程建设相关方的关系，是实现项目管理目标的主要手段。

尽管《建筑法》第四十五条规定，“施工现场安全由建筑施工企业负责”。但根据《建设工程安全生产管理条例》第四条，“建设单位、勘察单位、设计单位、施工单位、工程监理单位及其他与建设工程安全生产有关的单位，必须遵守安全生产法律、法规的规定，保证建设工程安全生产，依法承担建设工程安全生产责任”。为此，监理单位还应履行建设工程安全生产管理的法定职责，这是法规赋予监理单位的社会责任。

（二）相关服务

这里的“相关服务”是指监理单位受建设单位委托，在建设工程勘察、设计、保修等阶段提供的与建设工程监理相关的服务。之所以称为相关服务，是指这些服务与建设工程监理相关，即这些服务是以工程监理为基础的服务，是建设单位在委托建设工程监理的同时委托给监理单位的服务。如果建设单位不委托监理单位实施监理而只要求其提供项目管理服务或技术咨询服务，则双方不必签订建设工程监理合同，而只需签订项目管理合同或技术咨询合同即可。

二、监理单位义务

（一）监理的范围和工作内容

1. 监理范围

建设工程监理范围可能是整个建设工程，也可能是建设工程中一个或若干施工标段，还可能是一个或若干施工标段中的部分工程（如土建工程、机电设备安装工程、玻璃幕墙工程、桩基工程等）。合同双方当事人需要在专用条件中明确建设工程监理的具体范围。

2. 监理工作内容

对于强制实施监理的建设工程，通用条件中约定了 22 项工作属于监理单位需要完成的基本工作，也是确保建设工程监理取得成效的重要基础。

监理单位需要完成的基本工作如下：

（1）收到工程设计文件后编制监理规划，并在第一次工地会议 7 天前报建设单位。根据有关规定和监理工作需要，编制监理实施细则；

（2）熟悉工程设计文件，并参加由建设单位主持的图纸会审和设计交底会议；

（3）参加由建设单位主持的第一次工地会议；主持监理例会并根据工程需要主持或参加专题会议；

（4）审查施工单位提交的施工组织设计，重点审查其中的质量安全技术措施、专项施工方案与工程建设强制性标准的符合性；

（5）检查施工单位工程质量、安全生产管理制度及组织机构和人员资格；

（6）检查施工单位专职安全生产管理人员的配备情况；

（7）审查施工单位提交的施工进度计划，核查施工单位对施工进度计划的调整；

（8）检查施工单位的试验室；

（9）审核施工分包单位资质条件；

（10）查验施工单位的施工测量放线成果；

（11）审查工程开工条件，对条件具备的签发开工令；

（12）审查施工单位报送的工程材料、构配件、设备质量证明文件的有效性和符合性，并按规定对用于工程的材料采取平行检验或见证取样方式进行抽检；

（13）审核施工单位提交的工程款支付申请，签发或出具工程款支付证书，并报建设单位审核、批准；

（14）在巡视、旁站和检验过程中，发现工程质量、施工安全存在事故隐患的，要求施工单位整改并报建设单位；

（15）经建设单位同意，签发工程暂停令和复工令；

（16）审查施工单位提交的采用新材料、新工艺、新技术、新设备的论证材料及相关验收标准；

（17）验收隐蔽工程、分部分项工程；

（18）审查施工单位提交的工程变更申请，协调处理施工进度调整、费用索赔、合同争议等事项；

（19）审查施工单位提交的竣工验收申请，编写工程质量评估报告；

（20）参加工程竣工验收，签署竣工验收意见；

（21）审查施工单位提交的竣工结算申请并报建设单位；

（22）编制、整理工程监理归档文件并报建设单位。

3. 相关服务的范围和内容

建设单位需要监理单位提供相关服务（如勘察阶段、设计阶段、保修阶段服务及其他专业技术咨询、外部协调工作等）的，其范围和内容应在附录 A 中约定。

（二）项目监理机构和人员

1. 项目监理机构

监理单位应组建满足工作需要的项目监理机构，配备必要的检测设备。项目监理机构的主要人员应具有相应的资格条件。

项目监理机构应由总监理工程师、专业监理工程师和监理员组成，且专业配套、人员数量满足监理工作需要。总监理工程师必须由注册监理工程师担任，必要时可设总监理工程师代表。配备必要的检测设备，是保证建设工程监理效果的重要基础。

2. 项目监理机构人员的更换

（1）在建设工程监理合同履行过程中，总监理工程师及重要岗位监理人员应保持相对稳定，以保证监理工作正常进行。

（2）监理单位可根据工程进展和工作需要调整项目监理机构人员。需要更换总监理工程师时，应提前 7 天向建设单位书面报告，经建设单位同意后方可更换；监理单位更换项目监理机构其他监理人员，应以不低于现有资格与能力为原则，并应将更换情况通知建设单位。

（3）监理单位应及时更换有下列情形之一的监理人员：

1）严重过失行为的；

2）有违法行为不能履行职责的；

3）涉嫌犯罪的；

4）不能胜任岗位职责的；

5）严重违反职业道德的；

6）专用条件约定的其他情形。

（4）建设单位可要求监理单位更换不能胜任本职工作的项目监理机构人员。

（三）履行职责

监理单位应遵循职业道德准则和行为规范，严格按照法律法规、工程建设有关标准及监理合同履行职责。

1. 建设单位、施工单位及有关各方意见和要求的处置

在建设工程监理与相关服务范围内，项目监理机构应及时处置建设单位、施工单位及有关各方的意见和要求。当建设单位与施工单位及其他合同当事人发生合同争议时，项目监理机构应充分发挥协调作用，与建设单位、施工单位及其他合同当事人协商解决。

2. 证明材料的提供

建设单位与施工单位及其他合同当事人发生合同争议的，首先应通过协商、调解等方式解决。如果协商、调解不成而通过仲裁或诉讼途径解决的，监理单位应按仲裁机构或法院要求提供必要的证明材料。

3. 合同变更的处理

监理单位应在专用条件约定的授权范围（工程延期的授权范围、合同价款变更的授权范围）内，处理建设单位与承包单位所签订合同的变更事宜。如果变更超过授权范围，应以书面形式报建设单位批准。

在紧急情况下，为了保护财产和人身安全，项目监理机构可不经请示建设单位而直接发布指令，但应在发出指令后的24h内以书面形式报建设单位。这样，项目监理机构就拥有一定的现场处置权。

4. 承包单位人员的调换

施工单位及其他合同当事人的人员不称职，会影响建设工程的顺利实施。为此，项目监理机构有权要求施工单位及其他合同当事人调换其不能胜任本职工作的人员。

与此同时，为限制项目监理机构在此方面有过大的权力，建设单位与监理单位可在专用条件中约定项目监理机构指令施工单位及其他合同当事人调换其人员的限制条件。

（四）其他义务

1. 提交报告

项目监理机构应按专用条件约定的种类、时间和份数向建设单位提交监理与相关服务的报告。包括：监理规划、监理月报，还可根据需要提交专项报告等。

2. 文件资料

在监理合同履行期内，项目监理机构应在现场保留工作所用的图纸、报告及记录监理工作的相关文件。工程竣工后，应当按照档案管理规定将监理有关文件归档。

建设工程监理工作中所用的图纸、报告是建设工程监理工作的重要依据，记录建设工程监理工作的相关文件是建设工程监理工作的重要证据，也是衡量建设工程监理效果的主要依据之一。发生工程质量、生产安全事故时，也是判别建设工程监理责任的重要依据。项目监理机构应设专人负责建设工程监理文件资料管理工作。

3. 使用建设单位的财产

在建设工程监理与相关服务过程中，建设单位派遣的人员以及提供给项目监理机构无偿使用的房屋、资料、设备应在附录B中予以明确。监理单位应妥善使用和保管，并在合同终止时将这些房屋、设备按专用条件约定的时间和方式移交建设单位。

三、建设单位义务

（一）告知

建设单位应在其与施工单位及其他合同当事人签订的合同中明确监理单位、总监理工程师和授予项目监理机构的权限。

如果监理单位、总监理工程师以及建设单位授予项目监理机构的权限有变更，建设单位也应以书面形式及时通知施工单位及其他合同当事人。

（二）提供资料

建设单位应按照附录B约定，无偿、及时向监理单位提供工程有关资料。在建设工程监理合同履行过程中，建设单位应及时向监理单位提供最新的与工程有关的资料。

（三）提供工作条件

建设单位应为监理单位实施监理与相关服务提供必要的工作条件。

1. 派遣人员并提供房屋、设备

建设单位应按照附录 B 约定，派遣相应的人员，如果所派遣的人员不能胜任所安排的工作，监理单位可要求建设单位调换。

建设单位还应按照附录 B 约定，提供房屋、设备，供监理单位无偿使用。如果在使用过程中所发生的水、电、煤、油及通信费用等需要监理单位支付的，应在专用条件中约定。

2. 协调外部关系

建设单位应负责协调工程建设中所有外部关系，为监理单位履行合同提供必要的外部条件。这里的外部关系是指与工程有关的各级政府建设主管部门、建设工程安全质量监督机构，以及城市规划、卫生防疫、人防、技术监督、交警、乡镇街道等管理部门之间的关系，还有与工程有关的各管线单位等之间的关系。如果建设单位将工程建设中所有或部分外部关系的协调工作委托监理单位完成的，则应与监理单位协商，并在专用条件中约定或签订补充协议，支付相关费用。

（四）授权建设单位代表

建设单位应授权一名熟悉工程情况的代表，负责与监理单位联系。建设单位应在双方签订合同后 7 天内，将其代表的姓名和职责书面告知监理单位。当建设单位更换其代表时，也应提前 7 天通知监理单位。

（五）委托人意见或要求

在建设工程监理合同约定的监理与相关服务工作范围内，建设单位对承包单位的任何意见或要求应通知监理单位，由监理单位向承包单位发出相应指令。

这样，有利于明确建设单位与承包单位之间的合同责任，保证监理单位独立、公平地实施监理工作与相关服务，避免出现不必要的合同纠纷。

（六）答复

对于监理单位以书面形式提交建设单位并要求作出决定的事宜，建设单位应在专用条件约定的时间内给予书面答复。逾期未答复的，视为建设单位认可。

（七）支付

建设单位应按合同（包括补充协议）约定的额度、时间和方式向监理单位支付酬金。

四、违约责任

（一）监理单位的违约责任

监理单位未履行监理合同义务的，应承担相应的责任。

1. 违反合同约定造成的损失赔偿

因监理单位违反合同约定给建设单位造成损失的，监理单位应当赔偿建设单位损失。赔偿金额的确定方法在专用条件中约定。监理单位承担部分赔偿责任的，其承担赔偿金额由双方协商确定。

监理单位的违约情况包括不履行合同义务的故意行为和未正确履行合同义务的过错行

为。监理单位不履行合同义务的情形包括：

（1）无正当理由单方解除合同；

（2）无正当理由不履行合同约定的义务。

监理单位未正确履行合同义务的情形包括：

（1）未完成合同约定范围内的工作；

（2）未按规范程序进行监理；

（3）未按正确数据进行判断而向施工单位及其他合同当事人发出错误指令；

（4）未能及时发出相关指令，导致工程实施进程发生重大延误或混乱；

（5）发出错误指令，导致工程受到损失等。

当合同协议书中是根据《建设工程监理与相关服务收费管理规定》（发改价格［2007］670号）约定酬金的，则应按专用条件约定的百分比方法计算监理单位应承担的赔偿金额：

赔偿金＝直接经济损失×正常工作酬金÷工程概算投资额（或建筑工程安装费）

2. 索赔不成立时的费用补偿

监理单位向建设单位的索赔不成立时，监理单位应赔偿建设单位由此发生的费用。

（二）建设单位的违约责任

建设单位未履行本合同义务的，应承担相应的责任。

1. 违反合同约定造成的损失赔偿

建设单位违反合同约定造成监理单位损失的，建设单位应予以赔偿。

2. 索赔不成立时的费用补偿

建设单位向监理单位的索赔不成立时，应赔偿监理单位由此引起的费用。这与监理单位索赔不成立的规定对等。

3. 逾期支付补偿

建设单位未能按合同约定的时间支付相应酬金超过28天，应按专用条件约定支付逾期付款利息。

逾期付款利息应按专用条件约定的方法计算（拖延支付天数应从应支付日算起）：

逾期付款利息＝当期应付款总额×银行同期贷款利率×拖延支付天数

（三）除外责任

因非监理单位的原因，且监理单位无过错，发生工程质量事故、安全事故、工期延误等造成的损失，监理单位不承担赔偿责任。这是由于监理单位不承包工程的实施，因此，在监理单位无过错的前提下，由于第三方原因使建设工程遭受损失的，监理单位不承担赔偿责任。

因不可抗力导致监理合同全部或部分不能履行时，双方各自承担其因此而造成的损失、损害。不可抗力是指合同双方当事人均不能预见、不能避免、不能克服的客观原因引起的事件，根据《合同法》第一百一十七条“因不可抗力不能履行合同的，根据不可抗力的影响，部分或者全部免除责任”的规定，按照公平、合理原则，合同双方当事人应各自承担其因不可抗力而造成的损失、损害。

因不可抗力导致监理单位现场的物质损失和人员伤害，由监理单位自行负责。如果建设单位投保的“建筑工程一切险”或“安装工程一切险”的被保险人中包括监理单位，则监理单位的物质损害也可从保险公司获得相应的赔偿。

监理单位应自行投保现场监理人员的意外伤害保险。

第三节 监理酬金及其支付

一、签约酬金

签约酬金是指建设单位与监理单位在签订监理合同时商定的酬金，包括建设工程监理酬金和相关服务酬金两部分。其中，相关服务酬金可包括工程勘察、设计、保修阶段服务酬金及其他相关服务酬金。

如果监理单位受建设单位委托，仅实施建设工程监理，则签约酬金只包括建设工程监理酬金。

在建设工程监理合同履行过程中，由于建设工程监理或相关服务的范围和内容的变化，会引起建设工程监理酬金、相关服务酬金发生变化，因此，合同双方当事人最终结算的酬金额可能并不等于签约时商定的酬金额。

（一）工程监理酬金的确定

根据《建设工程监理与相关服务收费管理规定》第四条，“建设工程监理与相关服务收费根据建设项目性质不同情况，分别实行政府指导价或市场调节价。依法必须实行监理的建设工程施工阶段的监理收费实行政府指导价；其他建设工程施工阶段的监理收费和其他阶段的监理与相关服务收费实行市场调节价”。

对于不同的建设工程，其监理酬金的计算方式不同。根据《建设工程监理与相关服务收费标准》，铁路、水运、公路、水电、水库工程的施工监理酬金按建筑安装工程费分档定额计费方式计算，其他工程的施工监理酬金按照建设工程概算投资额分档定额计费方式计算。对于设备购置费和联合试运转费占工程概算投资额 40％以上的工程，其建筑安装工程费全部计入计费额，设备购置费和联合试运转费按 40％的比例计入计费额。

（二）相关服务酬金的确定

相关服务酬金一般按相关服务工作所需工日和《建设工程监理与相关服务人员人工日费用标准》计取。

二、相关费用

在实施建设工程监理与相关服务过程中，监理单位可能发生外出考察、材料设备检测、咨询等费用。监理单位在服务过程中提出合理化建议而使建设单位获得经济效益的，还可获得经济奖励。

（一）外出考察费用

因工程建设需要，监理人员经建设单位同意，可以外出考察施工单位或专业分包单位业绩、材料与设备供应单位、类似工程技术方案等。

无论是建设单位直接要求监理单位外出考察，还是监理单位提出外出考察申请，双方当事人均需协商一致，对考察人员、考察方式、考察费用等内容以书面形式确认。监理人员外出考察发生的费用由建设单位审核后及时支付。

（二）检测费用

建设单位要求有相应检测资质的监理单位进行材料、设备检测的，所发生的费用应由建设单位及时支付。需要说明的是，这里的检测费用不包括法律法规及规范要求监理单位进行平行检验及建设单位与监理单位在合同中约定的正常工作范围内的检验所发生的费用。

（三）咨询费用

根据工程建设需要，可由监理单位组织的相关咨询论证会，包括：专项技术方案论证会、专项材料或设备采购评标会、质量事故分析论证会等。监理单位在组织相关咨询论证会以及聘请相关专家前，应与建设单位协商，事先以书面形式确定咨询论证会费用清单。费用发生后，由建设单位及时支付。

（四）奖励

监理单位在服务过程中提出的合理化建议，使建设单位获得经济效益的，建设单位与监理单位应在专用条件中约定奖励金额的确定方法。在合理化建议被采纳后，奖励金额应与最近一期的正常工作酬金同期支付。

合理化建议的奖励金额可按下式计算：

奖励金额＝工程投资节省额×奖励金额的比率

其中，奖励金额的比率应由建设单位与监理单位在专用条件中约定。

三、酬金支付

（一）支付货币

除专用条件另有约定外，酬金均以人民币支付。涉及外币支付的，所采用的货币种类、比例和汇率在专用条件中约定。

（二）支付申请

监理单位为确保按时获得酬金，应在合同约定的应付款时间的 7 天前，向建设单位提交支付申请书。支付申请书应当说明当期应付款总额，并列出当期应支付的款项及其金额，可包括专用条件中约定的正常工作酬金，以及合同履行过程中发生的附加工作酬金及费用、合理化建议的奖金。

（三）支付酬金

建设单位应按合同约定的时间、金额和方式向监理单位支付酬金。

在合同履行过程中，由于建设工程投资规模、监理范围发生变化，建设工程监理与相关服务工作的内容、时间发生变化，以及其他相关因素等的影响，建设单位应支付的酬金可能会不同于签订合同时约定的酬金（即签约酬金）。实际支付的酬金可包括正常工作酬金、附加工作酬金、合理化建议奖励金额及费用。

（四）有争议部分的付款

建设单位对监理单位提交的支付申请书有异议时，应当在收到监理单位提交的支付申请书后 7 天内，以书面形式向监理单位发出异议通知。无异议部分的款项应按期支付，以免影响监理单位的正常工作；有异议部分的款项按合同约定办理。

第四节　合同生效、变更、终止及争议解决

一、合同生效、变更与终止

（一）合同生效

建设工程监理合同属于无生效条件的委托合同，因此，合同双方当事人依法订立后合同即生效。即：建设单位和监理单位的法定代表人或其授权代理人在协议书上签字并盖单位章后合同生效。除非法律另有规定或者专用条件另有约定。

（二）合同变更

在监理合同履行期间，由于主观或客观条件的变化，当事人任何一方均可提出变更合同的要求，经过双方协商达成一致后可以变更合同。如：建设单位提出增加监理或相关服务工作的范围或内容；监理单位提出委托工作范围内工程的改进或优化建议等。

1. 合同履行期限延长、工作内容增加

除不可抗力外，因非监理单位原因导致监理单位履行合同期限延长、内容增加时，监理单位应将此情况与可能产生的影响及时通知建设单位。增加的监理工作时间、工作内容应视为附加工作。附加工作酬金的确定方法在专用条件中约定。

附加工作分为延长监理或相关服务时间、增加服务工作内容两类。延长监理或相关服务时间的附加工作酬金，应按下式计算：

附加工作酬金＝合同期限延长时间（天）×正常工作酬金÷协议书约定的监理与相关服务期限（天）

增加服务工作内容的附加工作酬金，由合同双方当事人根据实际增加的工作内容协商确定。

2. 合同暂停履行、终止后的善后服务工作及恢复服务的准备工作

监理合同生效后，如果实际情况发生变化使得监理单位不能完成全部或部分工作时，监理单位应立即通知建设单位。其善后工作以及恢复服务的准备工作应为附加工作，附加工作酬金的确定方法在专用条件中约定。监理单位用于恢复服务的准备时间不应超过28天。

监理合同生效后，出现致使监理单位不能完成全部或部分工作的情况可能包括：

（1）因建设单位原因致使监理单位服务的工程被迫终止；

（2）因建设单位原因致使被监理合同终止；

（3）因施工单位或其他合同当事人原因致使被监理合同终止，实施工程需要更换施工单位或其他合同当事人；

（4）不可抗力原因致使被监理合同暂停履行或终止等。

在上述情况下，附加工作酬金按下式计算：

附加工作酬金＝善后工作及恢复服务的准备工作时间（天）×正常工作酬金÷协议书约定的监理与相关服务期限（天）

3. 相关法律法规、标准颁布或修订引起的变更

在监理合同履行期间，因法律法规、标准颁布或修订导致监理与相关服务的范围、时

间发生变化时，应按合同变更对待，双方通过协商予以调整。增加的监理工作内容或延长的服务时间应视为附加工作。若致使委托范围内的工作相应减少或服务时间缩短，也应调整监理与相关服务的正常工作酬金。

4. 工程投资额或建筑安装工程费增加引起的变更

协议书中约定的监理与相关服务酬金是按照国家颁布的收费标准确定时，其计算基数是工程概算投资额或建筑安装工程费。因非监理单位原因造成工程投资额或建筑安装工程费增加时，监理与相关服务酬金的计算基数便发生变化。因此，正常工作酬金应作相应调整。调整额按下式计算：

正常工作酬金增加额＝工程投资额或建筑安装工程费增加额×正常工作酬金÷工程概算投资额（或建筑安装工程费）

如果是按照《建设工程监理与相关服务收费管理规定》（发改价格［2007］670号）约定的合同酬金，增加监理范围调整正常工作酬金时，若涉及专业调整系数、工程复杂程度调整系数变化，则应按实际委托的服务范围重新计算正常监理工作酬金额。

5. 因工程规模、监理范围的变化导致监理单位的正常工作量的减少

在监理合同履行期间，工程规模或监理范围的变化导致正常工作减少时，监理与相关服务的投入成本也相应减少。因此，也应对协议书中约定的正常工作酬金作出调整。减少正常工作酬金的基本原则是：按减少工作量的比例从协议书约定的正常工作酬金中扣减相同比例的酬金。

如果是按照《建设工程监理与相关服务收费管理规定》（发改价格［2007］670号）约定的合同酬金，减少监理范围后调整正常工作酬金时，如果涉及专业调整系数、工程复杂程度调整系数变化，则应按实际委托的服务范围重新计算正常监理工作酬金额。

（三）合同暂停履行与解除

除双方协商一致可以解除合同外，当一方无正当理由未履行合同约定的义务时，另一方可以根据合同约定暂停履行合同直至解除合同。

1. 解除合同或部分义务

在合同有效期内，由于双方无法预见和控制的原因导致合同全部或部分无法继续履行或继续履行已无意义，经双方协商一致，可以解除合同或监理单位的部分义务。在解除之前，监理单位应按诚信原则做出合理安排，将解除合同导致的工程损失减至最小。

除不可抗力等原因依法可以免除责任外，因建设单位原因致使正在实施的工程取消或暂停等，监理单位有权获得因合同解除导致损失的补偿。补偿金额由双方协商确定。

解除合同的协议必须采取书面形式，协议未达成之前，监理合同仍然有效，双方当事人应继续履行合同约定的义务。

2. 暂停全部或部分工作

建设单位因不可抗力影响、筹措建设资金遇到困难、与施工单位解除合同、办理相关审批手续、征地拆迁遇到困难等导致工程施工全部或部分暂停时，应书面通知监理单位暂停全部或部分工作。监理单位应立即安排停止工作，并将开支减至最小。除不可抗力外，由此导致监理单位遭受的损失应由建设单位予以补偿。

暂停全部或部分监理或相关服务的时间超过182天，监理单位可自主选择继续等待建设单位恢复服务的通知，也可向建设单位发出解除全部或部分义务的通知。若暂停服务仅

涉及合同约定的部分工作内容，则视为建设单位已将此部分约定的工作从委托任务中删除，监理单位不需要再履行相应义务；如果暂停全部服务工作，按建设单位违约对待，监理单位可单方解除合同。监理单位可发出解除合同的通知，合同自通知到达建设单位时解除。建设单位应将监理与相关服务的酬金支付至合同解除日。

建设单位因违约行为给监理单位造成损失的，应承担违约赔偿责任。

3. 监理单位未履行合同义务

当监理单位无正当理由未履行合同约定的义务时，建设单位应通知监理单位限期改正。建设单位在发出通知后 7 天内没有收到监理单位书面形式的合理解释，即监理单位没有采取实质性改正违约行为的措施，则可进一步发出解除合同的通知，自通知到达监理单位时合同解除。建设单位应将监理与相关服务的酬金支付至限期改正通知到达监理单位之日。

监理单位因违约行为给建设单位造成损失的，应承担违约赔偿责任。

4. 建设单位延期支付

建设单位按期支付酬金是其基本义务。监理单位在专用条件约定的支付日的 28 天后未收到应支付的款项，可发出酬金催付通知。

建设单位接到通知 14 天后仍未支付或未提出监理单位可以接受的延期支付安排，监理单位可向建设单位发出暂停工作的通知并可自行暂停全部或部分工作。暂停工作后 14 天内监理单位仍未获得建设单位应付酬金或建设单位的合理答复，监理单位可向建设单位发出解除合同的通知，自通知到达建设单位时合同解除。

建设单位应对支付酬金的违约行为承担违约赔偿责任。

5. 不可抗力造成合同暂停或解除

因不可抗力致使合同部分或全部不能履行时，一方应立即通知另一方，可暂停或解除合同。根据《合同法》，双方受到的损失、损害各负其责。

6. 合同解除后的结算、清理、争议解决

无论是协商解除合同，还是建设单位或监理单位单方解除合同，合同解除生效后，合同约定的有关结算、清理条款仍然有效。单方解除合同的解除通知到达对方时生效，任何一方对对方解除合同的行为有异议，仍可按照约定的合同争议条款采用调解、仲裁或诉讼的程序保护自己的合法权益。

(四) 合同终止

以下条件全部成立时，监理合同即告终止：

(1) 监理单位完成合同约定的全部工作；

(2) 建设单位与监理单位结清并支付全部酬金。

工程竣工并移交并不满足监理合同终止的全部条件。上述条件全部成立时，监理合同有效期终止。

二、合同争议解决方式

建设单位与监理单位发生合同争议时，可采用以下方式解决。

(一) 协商

双方应本着诚信原则协商解决彼此间的争议。以解决合同争议为目标的友好协商，可以使得解决争议的成本低、效率高，且不伤害双方的协作感情。可以通过协商达成变更协议，有利于合同的继续顺利履行。

（二）调解

如果双方不能在 14 天内或双方商定的其他时间内解决合同争议，可以将其提交给专用条件约定的或事后达成协议的调解人进行调解。调解解决合同争议的方式比诉讼或仲裁节省时间、节约费用，是较好解决合同争议的方式。当事人双方订立合同时，可在专用条件中约定调解人。

（三）仲裁或诉讼

双方均有权不经调解直接向专用条件约定的仲裁机构申请仲裁或向有管辖权的人民法院提起诉讼。

调解不是解决合同争议的必经程序，只有双方均同意后才可以进行调解，任何一方不同意经过协商或调解，可直接将合同争议提交仲裁或诉讼解决。

当事人双方订立合同时应在专用条件中明确约定最终解决合同争议的方式及解决争议的机构名称（仲裁机构或人民法院）。

第三章　标准施工招标文件

第一节　施　工　招　标

一、概述

自1983年我国在工程建设领域开展招标投标活动以来，各部委、行业主管部门依据《中华人民共和国招标投标法》相继颁布了施工招标投标规定，编制了施工合同示范文本。但各示范文本内容繁简程度不同，甚至在通用条款中存在很多原则性差异。为了规范施工招标资格预审文件和招标文件编制活动，提高资格预审文件和招标文件的编制质量，促进招标投标活动的公开、公平和公正，国家发展和改革委员会、财政部、建设部、铁道部、交通部、信息产业部、水利部、民用航空总局、广播电影电视总局9部委于2007年联合编制了《标准施工招标资格预审文件》和《标准施工招标文件》。

（一）标准文件的组成

标准文件包括施工招标资格预审文件和招标文件两个标准格式。

1. 标准施工招标资格预审文件

标准资格预审文件包括资格预审公告、申请人须知、资格预审办法、资格预审申请文件格式和项目建设概况五部分内容。

2. 标准施工招标文件

施工招标文件由于涉及内容较多，采用分卷、分章的编写方式。

第一卷内容包括：招标公告（或投标邀请书）、投标人须知、评标办法、合同条款和工程量清单。

第二卷为图纸。

第三卷为技术标准和要求。

第四卷为投标格式文件。

（二）标准文件的使用

九部委联合颁布的第56号令中，对《标准施工招标资格预审文件》和《标准施工招标文件》的使用作出了如下明确要求：

（1）国务院有关行业主管部门可以根据《标准施工招标文件》并结合本行业施工招标特点和管理需要，编制行业标准施工招标文件。行业标准施工招标文件重点对“专用合同条款”、“工程量清单”、“图纸”和“技术标准和要求”作出具体规定。

（2）行业标准施工招标文件和试点项目招标人编制的施工招标资格预审文件、施工招标文件，应不加修改地引用《标准施工招标资格预审文件》中的“申请人须知”（申请人须知前附表除外）、“资格审查办法”（资格审查办法前附表除外）以及《标准施工招标文件》中的“投标人须知”（投标人须知前附表和其他附表除外）、“评标办法”（评标办法前附表除外）和“通用合同条款”。

（3）行业标准施工招标文件中的“专用合同条款”可以对《标准施工招标文件》中的“通用合同条款”进行补充、细化，除“通用合同条款”明确“专用合同条款”可作出不同约定外，补充和细化的内容不得与“通用合同条款”强制性规定相抵触，否则抵触内容无效。

（4）招标人编制招标文件中的“专用合同条款”可根据招标项目的具体特点和实际需要，对《标准施工招标文件》中的“通用合同条款”进行补充、细化和修改，但不得违反法律、行政法规的强制性规定和平等、自愿、公平和诚实信用原则。

二、招标信息

在标准文本中分别给出3种发布招标信息方式的文件格式：采用资格预审的公开招标，以资格预审公告的方式发布招标信息；采用资格后审的公开招标需要发布招标公告；邀请招标则向邀请投标对象直接发投标邀请书。

不论采用何种方式发布的招标信息，均应使投标人能够获得较完整招标项目的概况，以便决定是否参加投标竞争。资格预审公告的内容包括本项目（或标段）的招标条件；项目概况与招标范围；申请人的资格要求；资格预审的方法；资格预审文件的获取；资格预审申请文件的递交等。招标公告或投标邀请书的内容前两部分与资格预审公告相同，也应包括项目的招标条件、工程概况和招标范围，后面内容改为招标文件的获取和投标文件的递交等说明。

三、资格审查方式

（一）资格预审与资格后审

对投标人的企业资格和实施招标工程能力的审查包括资格预审和资格后审两种形式，二者的区别主要是审查的时间不同，审查的内容基本相同。公开招标时，对申请投标人的资格审查可以采用资格预审或资格后审方式，由招标人自主选择；邀请招标因招标人对投标人的实施能力有一定的了解，通常采用资格后审的形式；公开招标对申请投标人进行资格预审，除了评定该申请人是否具有实施招标项目的施工能力外，还是对众多的投标申请人进行第一轮筛选，通过企业整体能力的状况比较，淘汰一批相对实施能力较弱的申请人，以便节省招标评标的费用和时间，并突出投标的竞争性。标准施工招标资格预审文件中对这三种情况分别给出了评审内容、评审方法的规定。

（二）投标人报送的材料

1. 公开招标的资格预审

标准施工招标资格预审文件中要求申请投标人报送的材料包括：

（1）资格预审申请函；

（2）法定代表人身份证明或附有法定代表人身份证明的授权委托书；

（3）联合体协议书；

（4）申请人基本情况表。应附申请人营业执照副本及其年检合格的证明材料、资质证书副本和安全生产许可证等材料的复印件；

（5）近年财务状况表。应附经会计师事务所或审计机构审计的财务会计报表，包括资产负债表、现金流量表、利润表和财务情况说明书的复印件，具体年份要求招标人在申请人须知前附表中规定；

(6) 近年完成的类似项目情况表。应附相应承包工程的中标通知书和（或）合同协议书、工程接收证书（工程竣工验收证书）的复印件；

(7) 正在施工和新承接的项目情况表。应附中标通知书和（或）合同协议书复印件；

(8) 近年发生的诉讼及仲裁情况。应说明相关情况，并附法院或仲裁机构作出的判决、裁决等有关法律文书复印件；

(9) 其他材料：见申请人须知前附表。

2. 公开招标的资格后审和邀请招标的资格要求

资格后审的具体要求是在招标公告（公开招标的资格后审）或投标邀请书（邀请招标）中，具体列明本项目（或标段）投标人在资质、业绩、人员、设备、资金等方面应具备的最低要求，以及本次招标是否接收联合体投标的说明等，要求投标人报送相应的材料。

(三) 资格预审对申请投标人的审查

资格审查委员会对申请资格预审的申请人报送资料的审查，分为初步审查、详细审查两个阶段进行。

1. 初步审查

初步审查是检查申请人递交的申请是否符合资格预审须知的要求，审查内容包括：

(1) 审查申请人的投标资格。检查提交的资格证明文件的有效性，包括营业执照、资质证书、安全生产许可证与申请人的名称是否一致，避免借用他人的证书报送虚假资料。此外，明确规定具有以下情形之一的申请人均不具备投标资格：

1) 招标人不具有独立法人资格的附属机构（单位）；

2) 本标段前期准备提供设计或咨询服务的，但设计施工总承包的除外；

3) 本标段的监理人；

4) 本标段的代建人；

5) 本标段提供招标代理服务的；

6) 本标段的监理人或代建人或招标代理机构同为一个法定代表人的；

7) 本标段的监理人或代建人或招标代理机构相互控股或参股的；

8) 本标段的监理人或代建人或招标代理机构相互任职或工作的；

9) 被责令停业的；

10) 被暂停或取消投标资格的；

11) 财产被接管或冻结的；

12) 在最近三年内有骗取中标或严重违约或重大工程质量问题的。

(2) 审查资格预审申请函的有效性。检查申请函是否有法定代表人（或其委托代理人）签字并加盖单位章。

(3) 审查申请人提交的资格预审申请文件前述9个方面内容和格式是否符合资格预审须知的要求。

(4) 审查联合体投标的申请人是否提交了联合体协议书，包括明确联合体牵头人。

初步审查中发现申请人提交的文件中，有一项因素不符合审查标准的，不能通过资格预审。

2. 详细审查

详细评审是考察申请人的资格和能力能否满足承接本次招标项目（或标段）的施工能力，主要审查内容包括：

（1）营业执照。是否具备承接施工的有效营业执照。

（2）安全生产许可证。是否具有政府主管部门颁发的安全生产许可证。

（3）资质等级。申请人具有的企业资质等级是否满足招标工程项目的要求。

（4）财务状况。通过对负债表、现金流量表、利润表和财务情况说明书的分析，审查申请人企业的目前经营状况；参考在建项目一览表考虑现有的资金能力在其他项目分流的情况下，是否适应承接本项目后需要承包人周转资金的要求等。

（5）类似项目业绩。重点审查与本次招标同类型、同规模的以往施工业绩，以判定投标人承接项目施工后，在技术、经验、设备、人员的技术水平、管理水平和风险控制能力等方面能否满足要求。

（6）信誉。申请人的信誉可从社会信誉与银行信誉两个方面审查。社会信誉主要体现在以往完成的工程项目施工合同的履行过程中，没有严重违约或毁约的历史，均能忠实履行合同约定的义务，即使有诉讼或仲裁的经历，也应通过报送的材料中分析责任原因。银行授予该企业的信用等级即可说明该企业的经营状况，还可分析出如果企业的周转资金不足时，可从银行获得的贷款额度，以预测申请人承接招标工程项目的实施能力。

（7）项目经理资格。审查申请人提交的拟担任项目经理人选，除了审查年龄、职称和是否取得建造师资格外，主要通过在以往参与施工的工程类型、规模、在项目中担任的职务等的分析，判定该人选在承接本招标项目施工管理的能力、协调沟通能力、风险控制能力等方面能否满足要求。

（8）其他要求。招标人针对本工程项目施工特点规定的其他要求，申请人是否满足。

（9）联合体申请人。通过提交的联合体协议书，审查联合体牵头人的资质和能力；联合体成员所承担的施工任务是否与该成员的资质等级要求相一致，以及以往的工程施工经历是否与招标工程相适应；联合体协议中是否有联合体成员共同承担连带责任的承诺等。以联合体名义投标的申请人的资料中，由同一专业的单位组成的联合体，按照资质等级较低的单位确定资质等级。

在审查过程中，审查委员会可以以书面形式，要求申请人对所提交的资格预审申请文件中不明确的内容进行必要的澄清或说明。申请人的澄清或说明采用书面形式，但不得改变资格预审申请文件的实质性内容。申请人的澄清和说明内容属于资格预审申请文件的组成部分。招标人和审查委员会不接受申请人主动提出的澄清或说明。

（四）确定资格预审合格名单

资格预审的结果可采用合格制或有限数量制两种方式，由招标人自主选择，但在资格预审公告中必须预先说明。

1. 采用合格制审查的名单

合格制审查即不限定通过资格预审合格者的数量，在详细审查的 9 个方面均满足要求的申请人均有资格购买招标文件，参与投标竞争。只要申请人有一项因素不符合审查标准，就不能通过资格预审。

合格制审查可使较多满足基本要求的申请人参与投标，达到投标充分竞争性的目的。但如果合格者数量过多，会增大评标的工作量、评标时间和费用。

2. 采用有限数量制审查的名单

（1）评审比较程序。采用有限数量制的资格预审，在满足详细评审要求的申请人中，再通过量化比较，最终确定通过资格预审的短名单，数量以 7～9 家为宜。这种限定参与投标竞争数量的方式，既可以减少评标的工作量、缩短评标时间和节约评标费用，又突出了最有实力承包人之间在投标阶段的竞争。

（2）量化比较方法。

1）量化比较要素。针对财务状况、类似项目业绩、信誉、认证体系以及根据招标项目的专业特点和招标人的要求预先设定量化比较的要素，但也不宜过多，主要突出申请人的企业整体实力和承接本项目的能力。

2）确定基准分值。根据招标项目对投标人实施能力的具体要求，对审查要素通过权重分配，确定各项审查要素的基准分值，即满分值。

3）量化评分。在预先确定的各项评分标准或确定基准分方法的基础上，依据详细审查投标申请人报送资料中相应要素的优劣，由评审委员会给予打分赋值。按照累计得分的高低，排出各申请人的得分顺序。

4）排序。按照预先确定的合格者数量，从高分向低分录取。

（五）资格预审结果

1. 通知申请人

招标人向通过资格预审的申请人发出通过资格预审通知及投标邀请函，请其在规定的时间和地点购买招标文件，参与投标竞争，并要求在规定时间内以书面形式明确表示是否参加投标。

2. 通过资格预审申请人的确认

接到投标邀请函的申请人在规定时间内未表示是否参加投标或明确表示不参加投标的，不得再购买招标文件参加投标竞争。

采用有限数量制确定合格者名单，如果出现退出参加竞争情况时，可增补量化排序高的下一家申请人增发投标邀请书，以维持投标的竞争性。

3. 合格者数量不足 3 家情况的处理

不论采用合格制还是限制数量制确定的合格申请人数量不足 3 家时，招标人可决定重新组织资格预审或不再组织资格预审而直接招标。

四、招标文件

（一）招标文件的组成

招标过程中，对招标人和投标人有约束力的招标文件包括招标人编制并发售给投标人的招标文件，还包括招标人对投标人质疑的澄清文件；投标预备会后招标人发给每位投标人的会议纪要文件，以及招标人对已发售招标文件的主动修改文件。

各组成文件中如果内容发生矛盾或歧义时，以时间靠后的文件说明为准。

1. 发售招标文件的组成

标准施工招标文件中要求，招标人可依据招标工程项目（或标段）的特点有针对性地编制招标文件，但其组成应包括以下方面内容：

（1）招标公告（或投标邀请书）；

（2）投标人须知；

（3）评标办法；

（4）合同条款及格式；

（5）工程量清单；

（6）图纸；

（7）技术标准和要求；

（8）投标文件格式；

（9）投标人须知前附表规定的其他材料。

2. 投标预备会纪要文件

招标人按投标人须知前附表规定的时间和地点召开投标预备会，进行工程交底并澄清投标人提出的问题。投标预备会后，招标人在投标人须知规定的时间内，将对投标人所提问题的澄清，以书面方式通知所有购买招标文件的投标人。该澄清内容为招标文件的组成部分。

3. 对投标人质疑澄清文件

对投标人书面提出的质疑问题，招标人应在投标人须知前附表规定的投标截止时间15天前，以书面形式给予澄清并发给所有购买招标文件的投标人，但不指明澄清问题的来源。如果澄清发出的时间距投标截止时间不足15天，要相应延长投标截止时间。

4. 招标人主动修改的文件

如果招标人发现招标文件中的错误或有新的想法时，可在投标截止时间15天前书面形式修改招标文件，并通知所有已购买招标文件的投标人。如果修改招标文件的时间距投标截止时间不足15天，要相应延长投标截止时间。

（二）投标人须知的主要内容

投标人须知是引导投标人编制投标文件的依据，主要内容涉及招标项目的情况简介、招标投标程序、投标文件的要求等。标准施工招标文件中的投标人须知适用于各类招标工程，因此规定的是招投标过程的基本程序、对投标的规定和投标人的责任。针对具体招标工程项目（或标段）的具体要求，将投标人须知中有关投标和评标的重要信息摘录于投标人须知的前附表内，以引起投标人的足够重视。

1. 投标人须知的内容

（1）总则。内容包括招标项目的背景（项目概况；资金来源和落实情况）；本次招标的要求（招标范围、计划工期和质量要求、投标人资格要求、分包的规定）；招标工作程序（踏勘现场、投标预备会）；对投标的要求（投标费用的承担、保密、语言文字、计量单位、允许的偏离幅度）等。

（2）招标文件。包括招标文件的组成、澄清和修改。

（3）投标文件。包括投标文件的组成、投标报价、投标有效期、是否接受备选方案、投标文件的编制要求等说明。

（4）投标。包括投标文件的封记、投标文件的递交要求，以及投标文件的修改和撤回规定。

（5）开标。包括开标的时间和地点、开标程序的说明。

（6）评标。包括评审方法、评审因素、评审标准和评审程序说明。

（7）合同授予。包括定标方式、中标通知书、履约担保、签订合同的说明。

（8）重新招标和不再招标。如果投标人不足3家或评标委员会否决所有投标情况发生后，招标人相应采取的措施说明。

（9）纪律和监督。包括对招标人的纪律要求、对投标人的纪律要求、对评标委员会成员的纪律要求、对与评标活动有关的工作人员纪律要求、投诉等规定。

2. 投标人须知前附表的内容

招标人针对投标人须知的相关规定，需要在前附表中明确的内容包括：

（1）招标人和招标代理机构的名称、地址、联系人、电话。

（2）招标项目的概况。包括项目名称、建设地点、资金来源、出资比例、资金落实情况的说明。

（3）本次招标的说明。包括招标范围、计划工期、质量要求、投标人的资格要求（适用于资格后审的招标）、对分包的要求。招标范围可以是整个工程或其中的一部分施工内容（标段），标段的划分应为单项工程或特殊专业工程的施工，避免过细划分而形成肢解工程招标。如果招标人对招标工程的施工有分阶段移交要求时，应细化说明分部工程移交的时间要求。质量要求可以采用国家或行业颁布的规范标准，也可以要求高于规范的标准，但不得以获得各种质量奖项作为标准。招标人可决定招标工程项目的施工是否允许分包，如果允许还需说明可以分包的内容、对分包人的要求等（不包括劳务分包）。

（4）招标工作程序说明。包括投标人要求澄清招标文件的截止时间、投标截止时间、投标人确认收到招标文件澄清的时间、开标时间和地点、开标程序、是否授权评标委员会确定中标人。

（5）对投标文件的要求。构成投标文件的其他材料、投标文件副本份数、装订要求、递交投标文件地点、是否退还投标文件。

（6）其他需要明确说明的问题。

1）投标保证金。要求投标人提供保证金的形式可以是银行保函、保兑支票、银行汇票中的任何一种形式；担保金额不超过投标总价的2%且最高为80万元，招标人可以根据招标项目规模和特点提出投标保证金的形式和金额要求。

2）招标人可以明确是否允许递交备选投标方案，如果未明确说明拒绝，则投标文件中的备选方案有效。

3）说明是否接收联合体投标。

4）中标人提供履约担保的形式和金额。履约担保的形式可以是银行提供的保函或第三方企业法人提供的保证书，通常保证书的担保金额高于保函的金额。招标人可以选择采用保函形式或两种担保方式都接受，应在投标人须知中加以说明。

5）规定投标有效期的时间。在投标有效期内，投标人不得撤标或要求对投标文件进行实质性修改，否则按投标人违约处理。投标有效期的长短要考虑评标需要的时间、确定中标人需要的时间和签订合同需要的时间。特殊情况下需要延长投标有效期时，应以书面形式通知所有投标人。同意延长有效期时间的投标人需延长投标保证金的有效期，但不得要求或允许修改或撤销其投标文件。如果投标人拒绝延长，不构成投标人违约但失去中标资格，仍有权收回投标保证金。

五、评标

（一）经评审的最低投标价法评标

经评审的最低投标价法一般适用于采用通用技术施工，项目的性能标准为规范中的一般水平，或者招标人对施工没有特殊要求的招标项目。对于施工能力满足基本要求的投标人，在报价的基础上按照预先确定的规则调整到同一基准水平形成评审价格，以经过评审的最低投标价者中标。

1. 评标程序

评标过程采用初步评审和详细评审两个阶段进行。

（1）初步评审。初步评审属于对投标文件的合格性审查，包括以下4个方面：

1）投标文件的形式审查

①提交的营业执照、资质证书、安全生产许可证是否与投标人的名称一致；

②投标函是否经法定代表人或其委托代理人签字并加盖单位章；

③投标文件的格式是否符合招标文件的要求；

④联合体投标人是否提交了联合体协议书；联合体的成员组成与资格预审的成员组成有无变化；联合体协议书的内容是否与招标文件要求一致；

⑤报价的唯一性。不允许投标人以优惠的方式，提出如果中标可将合同价降低多少的承诺。这种优惠属于一个投标两个报价。

2）投标人的资格审查

该部分的审查适用于资格后审，审查的内容和方法与资格预审相同。对于已进行资格预审但投标人资格文件的内容发生重大变化时，应按规定的标准对其更新资料再次进行评审。

3）投标文件对招标文件响应性审查

①投标内容是否与投标人须知中的工程或标段一致，不允许只投招标范围内的部分专业工程或单位工程的施工；

②投标工期应满足投标人须知中的要求，承诺的工期可以比招标工期短，但不得超过要求的时间；

③工程质量的承诺和质量管理体现满足要求；

④检查提交的投标保证金形式和金额是否符合投标须知的规定；

⑤投标人是否完全接受招标文件中的合同条款，如果有修改建议的话，不得对双方的权利、义务有实质性背离且是否为招标人所接受；

⑥核查已标价的工程量清单。如果有计算错误，除了单价金额小数点有明显错误的除外，总价金额与依据单价计算出的结果不一致时，以单价金额为准修正总价；若是书写错误，当投标文件中的大写金额与小写金额不一致时，以大写金额为准。评标委员会对投标报价的错误予以修正后，请投标人书面确认，作为投标报价的金额。投标人不接受修正价格的，其投标作废标处理；

⑦检查投标文件有没有对招标文件中的技术标准和要求提出不同意见。

4）施工组织设计和项目管理机构设置的合理性审查

①审查施工组织的合理性，包括施工方案与技术措施、质量管理体系与措施、安全管理体系与措施、环境保护管理体系与措施等的合理性和有效性；

②审查施工进度计划的合理性，包括总体工程进度计划和关键部位里程碑工期的合理性及施工措施的可靠性；机械和人力资源配备计划的有效性及均衡施工程度；

③审查项目组织机构的合理性，包括对技术负责人的经验和组织管理能力的审查；其他主要人员的配置是否满足实施招标工程的需要及技术和管理能力的审查等；

④审查拟投入施工的机械和设备，包括施工设备的数量、型号能否满足施工的需要；试验并检测仪器设备是否完备能够满足招标文件的要求等。

初步评审的内容中，投标文件有一项不符合规定的评审标准时，即作废标处理。

（2）详细评审

详细评审是对投标人须知中说明的组成评标价的要素进行详细审查，并按照预先确定的规则计算出各投标人的评审价格。

1）评标价的基础价格为投标人的报价，或由于计算或书写错误予以调整后的价格。如果评标委员会发现投标人的报价明显低于其他投标报价，或者在设有标底时明显低于标底，使得其投标报价可能低于其成本时，应当要求该投标人作出书面说明并提供相应的证明材料。投标人不能合理说明或者不能提供相应证明材料，评标委员会可以认定该投标人以低于成本报价竞标，其投标作废标处理。

2）工程量清单的单价遗漏或报价单漏项会使该投标人的投标价较低，为了维持公平竞争，应将其他投标人此漏项报价部分中的最高价格加到该投标人的评标价中。

3）承包人在投标文件中提出的付款优惠条件，如果对招标人带来好处，应将可获得的实际经济利益贴现到开标日，从该投标人的评标价中扣减这笔金额。

标准施工招标文件中仅提出两项评标价的增减金额的示例，具体工程招标时可针对实际情况增加计算评标价的要素。

（3）投标文件的澄清和补正

评标过程中，评标委员会可以书面形式要求投标人对所提交的投标文件中不明确的内容进行书面澄清或说明，或者对细微偏差进行补正。评标委员会不接受投标人主动提出的澄清、说明或补正。

澄清、说明和补正不得改变投标文件的实质性内容（算术性错误修正的除外）。投标人的书面澄清、说明和补正属于投标文件的组成部分。

评标委员会对投标人提交的澄清、说明或补正有疑问的，可以要求投标人进一步澄清、说明或补正，直至满足评标委员会的要求。

2. 确定中标人

评标委员会完成评标后，应当向招标人提交书面评标报告。在评标报告中按照经评审的价格由低到高的顺序推荐中标候选人。如果经评审的投标价相等时，投标报价低的优先；投标报价也相等的，由招标人自行确定。

招标人按照评标报告中推荐的中标候选人中确定中标人，并与其签订施工合同。

（二）综合评分法评标

综合评分法适用于较复杂工程项目的评标，由于工程投资额大、工期长、技术复杂、涉及专业面广，施工过程中存在较多的不确定因素，因此对投标文件评审比较的主导思想是选择价格功能比最好的投标人，而不过分偏重于投标价格的高低。

1. 评审程序

对各投标文件的审查和比较也分为初步评审和详细评审两个阶段进行。

（1）初步评审

初步评审的目的是对投标文件合格性审查，不对投标方案的优劣进行比较。评审的内容包括形式评审、资格评审（适用于资格后审）和响应性评审三个方面，方法与经过评审的最低投标价法的要求一致，凡有一项不满足基本要求的投标文件均作废标处理。

（2）详细评审

针对初步评审合格的投标文件首先进行审标，审查投标文件中的施工组织设计、项目管理机构、投标报价的合理性。审标过程中发现存在不宜判定是否合理的情况时，可针对问题要求投标人予以澄清，但澄清的问题不允许对投标文件进行实质性修改。按照标准施工招标文件的要求，主要评审内容包括以下 4 个方面：

1）施工组织设计

①施工组织设计的合理性；

②质量管理体系是否有针对性及措施的有效性；

③施工总体布置的合理性，尤其当现场有几个承包人同时施工时，是否存在施工交叉干扰；

④施工方案及施工方法的先进性，施工措施对保障工程质量、工期和施工安全的针对性，尤其是危险性较大特殊专业工程施工质量和安全措施的合理性；

⑤施工进度计划的合理性，包括重要阶段工程施工里程碑工期衔接的合理性；

⑥保证施工按计划执行的人、机、物、料等资源投入安排的合理性；

⑦拟投入施工机械的型号、数量能否满足施工的需要等。

2）项目管理机构

①项目部组织机构设置是否合理、有效率；

②项目主要负责人的技术能力、管理能力、经验能否适应招标工程管理的要求，重点审查项目经理和总工程师人选的能力；

③项目部拟配置的主要专业技术人员是否涵盖招标工程项目所涉及的专业，人员数量是否满足要求；

④特殊技术工种工人的技术等级和数量能否满足要求等。

3）投标报价

①报价费用的组成合理性；

②是否有严重的不平衡报价。一般不平衡报价可以接受，严重不平衡报价对招标人的融资成本会产生较大影响；

③主要工程量单价分析表费用组成的合理性；

④分析投标文件内所附资金流量表的合理性，审查各阶段的资金需求计划是否与施工进度计划相一致；

⑤对预付款要求的合理性，是否提出预付款的优惠条件；

⑥是否存在低于成本报价的情况，处理方法与经过评审的最低投标价法一致；

⑦工程量清单内报价漏项部分的处理方法与经过评审的最低投标价法一致等内容。

4）其他因素

招标人可以针对招标项目施工要求提出投标人必须满足的条件，这些评审因素和要求应在投标人须知前附表内具体说明。如对于需要投标人有专门技术、设备和经验的大型特殊工程，往往提出投标人必须有完成过与招标工程项目（或标段）在管理、技术、经验等方面具有相同类型、等级的施工经历；对于大型、工期较长的招标工程的施工，设置对投标人自有流动资金的最低要求，以保证项目施工的顺利实施等条件。

2. 评分方法

按照标准施工招标文件的规定，经过评标委员会对各投标文件详细评审后，对满足要求的投标文件分别打分，进行量化综合比较。

（1）评分要素

量化比较要素包括详评的4个方面，即施工组织设计评分A；项目管理机构评分B；投标报价评分C；其他因素评分D。

（2）标准分值或权重的分配

预先设定的评分规则可以是整个评审内容采用简单的百分制，即每一部分设定标准分，如施工组织设计25分；项目管理机构10分；投标报价60分；其他因素5分。但对于规模较大的工程施工招标为了更好地细化各投标文件的优劣，4个方面的评分内容均采用百分制加以量化，再按预先设定的权重加权求和计算综合得分。

（3）投标人的综合得分

每个投标人的综合得分为以上4个方面得分之和，即：

$$投标人的得分=A+B+C+D$$

3. 评标报告

（1）投标人得分排序

评标委员会经过初步评审、详细评审和打分量化后，按投标人得分高低进行排序，进而提出推荐中标候选人。通常情况下，邀请招标推荐两家，公开招标推荐三家作为中标候选人。

（2）提交评标报告

评标委员会完成评标工作后，应向招标人提交评标报告，内容包括：

1）评标的基本情况和数据表；

2）评标委员会成员名单；

3）开标记录；

4）符合要求的投标一览表；

5）废标情况说明；

6）评标标准、评标方法或评标因素一览表；

7）评分比较一览表；

8）经评审的投标人排序；

9）推荐的中标候选人名单，以及签订合同前要处理的事宜；

10）投标人澄清、说明、补正事项纪要。

4. 确定中标人

招标人按照评标报告的内容，在推荐的中标候选人名单中，经过签约前的谈判，最终确定中标人。

第二节　施　工　合　同

一、概述

在标准施工招标文件中，提供了标准施工合同文本。合同文本的内容包括通用条款、专用条款和签订合同时采用的格式文件。

（一）通用条款

1. 通用条款的组成

标准合同文本的通用条款包括24条131款。各条的标题分别为：一般约定；发包人义务；监理人；承包人；材料和工程设备；施工设备和临时设施；交通运输；测量放线；施工安全、治安保卫和环境保护；进度计划；开工和竣工；暂停施工；工程质量；试验和检验；变更；价格调整；计量与支付；竣工验收；缺陷责任与保修责任；保险；不可抗力；违约；索赔；争议的解决。

2. 标准合同通用条款的应用

按照九部委联合颁布的“标准施工招标资格预审文件和标准施工招标文件试行规定”（第56号令）要求，各行业编制的标准施工招标文件和试点项目招标人编制的施工合同应不加修改地引用“通用合同条款”，即本通用条款广泛适用于各类建设工程的合同。各行业标准施工招标文件中的“专用合同条款”可结合施工项目的具体特点，对标准的“通用合同条款”进行补充、细化。除“通用合同条款”明确“专用合同条款”可作出不同约定外，补充和细化的内容不得与“通用合同条款”强制性规定相抵触，否则抵触内容无效。

（二）专用条款

由于通用条款的内容涵盖各类工程项目的施工，除了各行业结合工程项目施工的行业特点的标准施工合同范本在专用条款内体现外，具体招标工程在编制合同时，应针对项目的特点、发包人的要求，在专用条款内针对通用条款涉及的内容进行补充、细化。

针对具体条款而言，通用条款中适用于招标项目的条或款不必在专用条款内重复，需要补充细化的内容应与通用条款的条或款的序号一致，使得通用条款与专用条款相同序号的内容共同构成对履行合同某一方面的完备约定。

（三）格式文件

标准化文本中规定的格式文件包括合同协议书、履约担保和预付款担保三个文件。

1. 合同协议书

合同协议书是合同组成文件中唯一需要发包人和承包人同时签字盖章的法律文书。标准化文本中规定的专用格式，除了明确规定对当事人双方有约束力的合同组成文件外，具体招标工程项目订立合同时需要填写明确的内容仅包括发包人和承包人的名称；施工的工程或标段；签约合同价；合同工期；质量标准和项目经理的人选。

2. 履约担保

工程实践中履约担保可以采用银行担保的保函形式或第三方企业法人担保的保证书形

式，通常保证书的担保金额为保函金额的一倍以上。标准化文本中给出的履约担保格式适用于上述两种形式，担保人在向发包人承诺的履约担保中仅需填写担保金额。

标准合同文本中履约担保的特点主要表现为以下两个方面：

（1）担保期限自发包人和承包人签订合同之日起，至签发工程移交证书日止。没用采用国际招标工程或使用世界银行贷款建设工程采用的是至保修期满止的担保期限，即担保人对承包人保修期内履行合同义务的行为不承担担保责任。

（2）采用无条件担保方式，即持有履约保函的发包人认为承包人有严重违约情况时，即可凭保函或保证书向担保人要求予以赔偿，不需承包人确认。无条件担保有利于当出现承包人严重违约情况，由于解决合同争议而影响后续工程的施工。标准化的履约担保格式中，担保人承诺“在本担保有效期内，因承包人违反合同约定的义务给你方造成经济损失时，我方在收到你方以书面形式提出的在担保金额内的赔偿要求后，在 7 天内无条件支付”。

3. 预付款担保

标准合同文本规定的预付款担保采用银行保函形式，主要特点为：

（1）担保格式也是采用无条件担保形式。

（2）担保期限自预付款支付给承包人起生效，至发包人签发的进度付款证书说明已完全扣清预付款止。

（3）担保金额尽管在预付款担保书内填写的数额与合同约定的预付款数额一致，但与履约担保不同之处是当发包人在工程进度款支付中已扣除部分预付款后，担保金额相应递减。保函格式中明确说明，“本保函的担保金额，在任何时候不应超过预付款金额减去发包人按合同约定在向承包人签发的进度付款证书中扣除的金额”。即保持担保金额与剩余预付款的金额相等。

以下关于标准化施工合同通用条款的叙述，仅针对与建设部和国家工商行政管理局联合颁发的“建设工程施工合同（示范文本）”（GF-1999—0201）的主要不同之处加以介绍。

二、合同文件中的一些重要概念

（一）合同文件

1. 合同文件的组成

在履行合同过程中，构成对业主和承包商有约束力合同的组成文件包括：

（1）合同协议书；

（2）中标通知书；

（3）投标函及投标函附录；

（4）专用合同条款；

（5）通用合同条款；

（6）技术标准和要求；

（7）图纸；

（8）已标价工程量清单；

（9）其他合同文件——经合同当事人双方确认构成合同文件的其他文件。

2. 合同文件的优先解释次序

如果上述组成合同的各文件中出现含义或内容的矛盾时，除了专用条款另有约定情况外，上述序号为优先解释的顺序。

标准合同文本此条款中未明确由谁来解释文件之间的歧义，但可以结合监理工程师职责中的规定，总监理工程师应与发包人和承包人进行协商，尽量达成一致。不能达成一致时，总监理工程师应认真研究后审慎确定。

3. 几个文件的含义

(1) 中标通知书。是招标人接受中标人的书面承诺文件，具体说明内容包括承包的施工标段、中标价、工期、工程质量标准和中标人的项目经理名称。中标价应是在评标过程中对报价的计算或书写错误进行修正后该投标人的评标基准价格。项目经理的名称是中标的投标文件中说明并已作为量化评审要素的人选，要求履行合同时必须到位。

(2) 投标函。标准化文本合同文件组成中的投标函，不同于《建设工程施工合同（示范文本）》规定的投标书及其附件的规定，投标函是投标人保证中标后与发包人签订合同、按照要求提供履约担保、按期完成施工任务的承诺文件。投标函附录是投标函内承诺的部分主要内容的细化，包括项目经理的人选、工期、缺陷责任期、分包的工程部位、公式法调价的基数和系数等的具体说明。因此，承包人的承诺文件在合同组成部分中，并非指整个投标文件，也就是说投标文件中的部分内容在订立合同后允许进行修改或调整，如施工前应编制更为详尽的施工组织设计、进度计划等。

(3) 其他合同文件。签订合同协议书时，需要在专用条款中对其他合同文件的具体组成予以明确。

（二）监理人对施工合同履行的管理

1. 监理人在合同履行管理中的地位

标准合同文本中对监理人的定义是受发包人委托对合同履行的实施管理者，即属于受发包人聘请的管理人，与承包人没有任何利益关系。由于监理人不是合同的当事人，在施工合同的履行管理中不是“独立的第三方”，属于发包人一方的人员，其作用在合同条款中主要表现在以下几个方面：

(1) 在发包人授权范围内，负责发出指示、检查施工质量、控制进度等现场管理工作。

(2) 承包人收到监理人发出的任何指示，应视为已得到发包人的批准，应遵照执行。

(3) 监理人未能按合同约定发出指示、指示延误或指示错误而导致承包人费用增加和（或）工期延误的情况发生后，由发包人承担赔偿责任。

2. 监理人的职责和权力

虽然监理人在合同当事人的两方中属于发包人一方的人员，但其又不同于发包人的雇员，即不是一切行为均遵照发包人的指示，而是在授权范围内独立工作，以维护保障工程按期、按质、按量完成。为发包人的最大利益为目标，依据合同条款的约定，公平合理地处理合同履行过程中的有关管理事项。按照标准施工合同文本通用条款的规定，主要体现在以下几个方面：

(1) 在发包人授权范围内处理合同履行过程中的有关事项，包括通用条款的规定以及具体施工合同专用条款中说明的权力范围。

（2）处于合同管理核心的位置，除合同另有约定外，承包人只从总监理工程师或被授权的监理人员处取得指示。为了使工程施工顺利开展，避免指令冲突及尽量减少合同争议，发包人的想法通过监理人的协调指令来实现；承包人的各种问题也首先提交监理人，避免发包人和承包人分别站在各自立场解释合同导致争议。

（3）在合同规定的权限范围内，独立处理或决定有关事项，如单价的合理调整、变更估价、索赔等。

（4）按照合同条款的约定公平合理地处理合同履行过程中涉及的有关事项。

（5）无权免除或变更合同约定的发包人和承包人的权利、义务和责任。由于监理人不是合同当事人，因此合同约定应由承包人承担的义务和责任，不因监理人对承包人提交文件的审查或批准，对工程、材料和设备的检查和检验，以及为实施监理作出的指示等职务行为而减轻或解除。

（6）监理人处理合同协调管理的方法是与当事人双方通过协商后再发出指示或决定。标准合同文本通用条款规定，总监理工程师应与合同当事人协商，尽量达成一致；不能达成一致的，总监理工程师应认真研究后审慎“确定”。因监理人不是合同当事人，因此，对有关问题的处理不用决定，而用确定一词，即表示总监理工程师提出的方案或发出的指示并非最终不可改变的处理，任何一方有不同意见均可按照通用条款有关争议的条款解决，同时体现了独立工作的性质。

（三）合同价格

在使用《建设工程施工合同（示范文本）》的工程实践中，经常遇到合同价格包括哪些费用和经常出现竣工后的结算价与合同价不一致情况。标准施工合同文本对以下费用的含义作出了具体的规定。

1. 合同价

（1）签约合同价指签订合同时合同协议书中写明的，包括了暂列金额、暂估价的合同总金额，即中标价。

（2）合同价格指承包人按合同约定完成了包括缺陷责任期内的全部承包工作后，发包人应付给承包人的金额。合同价格即承包人完成施工、竣工、保修全部义务后的工程结算价，包括履行合同过程中按合同约定进行的变更、价款调整、通过索赔应予补偿的金额。

二者的区别表现为，签约合同价是写在协议书和中标通知书内的固定数额，是结算价款的基数，而合同价格是承包人最终完成全部施工和保修义务后应得的全部合同价款，包括按照合同条款的约定在签约合同价基础上应给承包人补偿或扣减的费用之和，因此，只有在最终结算是合同价格的具体数值才可以确定。

2. 签订合同时签约合同价内尚不确定的款项

（1）暂估价指发包人在工程量清单中给定的用于支付必然发生但暂时不能确定价格的材料、设备以及专业工程的金额。该笔款项属于签约合同价，合同履行阶段一定会发生。但招标阶段由于局部设计深度不够，质量标准尚未最终确定，投标时市场价格差异较大等原因，要求承包人按暂估价报价，合同履行阶段条件成熟后再最终确定价格的内容（指发包人在工程量清单中给定的用于支付）。

（2）暂列金额指已标价工程量清单中所列的一笔款项，用于在签订协议书时尚未确定或不可预见的变更施工及其所需材料、工程设备、服务等的金额，包括以计日工方式支付的金额。

上述两笔款项均属于包括在签约合同价内的款项，二者的区别表现为，暂估价是在招标投标阶段暂时不能合理确定价格，但合同履行阶段必然发生，发包人必然予以支付的款项；暂列金额则指招标投标阶段可以确定或不宜准确确定价格，在合同履行阶段可能发生也可能不发生的相关工作内容的款项，即承包人不一定能够全部获得的款额。签约合同价内暂列金额项的使用由监理人根据项目实施的实际情况控制，可以全部使用、部分使用或完全不用，因此承包人只有按照监理人的指示完成暂列金额内容的工作后，才能获得相应数量的款额支付。

3. 费用和利润

通用条款内对费用的定义，指为履行合同所发生的或将要发生的不计利润的所有合理开支，包括管理费和应分摊的其他费用。

费用涉及两个方面的责任，一是施工阶段处理变更或索赔时，确定应给承包人补偿的款额；二是按照合同责任应由承包人承担的开支。通用条款中很多应给予承包人补偿的条款涉及事件，分别明确调整价款的内容为增加的费用，或增加的费用及合理利润。导致承包人增加开支的事件是发包人无法合理预见和克服的情况，应补偿费用；如属于发包人应予控制而未做好的情况，如因图纸资料错误导致的施工放线返工，则应补偿费用和合理利润。

利润可以通过拆分报价单费用组成确定，也可以在专用条款内具体约定利润的百分比。

（四）合同履行涉及的几个时间和期限概念

1. 基准日期

基准日期指投标截止日前第28天。该日期的作用是划分该日期后由于政策法规的变化或市场物价浮动对签约合同价的影响责任。承包人投标阶段在基准日后不再进行此方面的调研，进入编制投标文件阶段，因此通用条款在两个方面作出了如下规定：

（1）承包人以基准日前的市场价格编制工程量清单的报价，长期合同中调价公式中的可调因素的价格指数来源于基准日的价格；

（2）基准日后，因法律变化导致承包人在合同履行中所需要的工程费用发生除约定以外的增减时，应根据法律和国家或省、自治区、直辖市有关部门的规定，调整合同价款。

2. 工期

（1）合同工期指承包人在投标函内承诺完成合同工程的时间，以及按照合同条款通过变更和索赔程序应给予顺延工期的时间之和。合同工期的作用是用于判定承包人是否按期竣工的标准。

（2）承包人的施工期的计算，从监理人发出的开工通知中写明的开工日期起算，至工程接收证书中写明的实际竣工日期止。实际施工期限均有书面证明文件，以此期限与合同工期比较，判定是提前竣工还是延误竣工。延误竣工承包人承担拖期赔偿责任，提前竣工是否应获得奖励需视专用条款中是否有约定。

3. 缺陷责任期和保修期

（1）缺陷责任期从工程接收证书中写明的竣工日开始起算，具体期限视具体工程的性质和使用条件的不同在专用合同条款内约定，一般为1年，最长不超过2年。对于合同内约定有分部移交的单位工程，按提前验收的该单位工程接收证书中确定的竣工日为准，起算时间相应提前。

由于承包人拥有施工技术、设备和施工经验，因此缺陷责任期内工程运行期间出现的工程缺陷，承包人应负责修复，直到检验合格为止。修复费用以缺陷原因的责任划分，经查验属于发包人原因造成的缺陷，承包人修复后可获得查验、修复的费用及合理利润。如果承包人不能在合理时间内修复缺陷，发包人可以自行修复或委托其他人修复，修复费用由缺陷原因的责任方承担。

承包人责任原因产生的较大缺陷或损坏，致使不能按原定目标使用，经修复后需要再行检验或试验时，发包人有权要求延长该部分工程或设备的缺陷责任期。缺陷责任期延长的时间一般为再次检验合格前已经过的时间，但缺陷责任期的最长时间不超过 2 年。

（2）保修期自实际竣工日起算，发包人和承包人按照有关法律规定在专用条款内约定工程质量保修范围、期限和责任。对于提前验收的单位工程起算时间相应提前。承包人对保修期内不属于其责任的缺陷，不承担修复义务。

三、进度管理

（一）施工进度计划

1. 进度计划的编制和审查

（1）施工进度计划的编制。承包人应在开工前按专用合同条款约定的内容和期限，编制详细的承包工程施工进度计划和施工方案说明报送监理人。

（2）监理人审查。监理人收到承包人提交的施工进度计划后，应在专用合同条款约定的期限内批复或提出修改意见，否则，该进度计划视为已得到批准。监理人批准计划在合同管理中的重要作用是，被批准的计划称为“合同进度计划”，既是监理人通过协调管理控制整个工程实施进度的依据，也是判断承包人的施工是否受到延误影响应给予工期顺延的依据。

（3）编制分部分项进度计划。整体工程施工进度计划经监理人批准后，承包人还应根据合同进度计划，编制更为详细的分阶段或分项进度计划，报监理人审批。

2. 合同进度计划的修订

为了保证实际施工过程中承包人能够按计划施工，监理人通过协调保障承包人的施工不受到外部或其他承包人的干扰，对已确定的施工计划要进行动态管理。标准合同文本的通用条款规定，不论何种原因造成工程的实际进度与合同进度计划不符，不论是超前或滞后均应修订合同进度计划。

承包人可以主动向监理人提交修订合同进度计划的申请报告，并附有关措施和相关资料，报监理人审批；监理人可以直接向承包人发出修订合同进度计划的指示，承包人应按该指示修订合同进度计划后报监理人审批。

监理人应在专用合同条款约定的期限内予以批复。如果修订的合同进度计划对竣工时间有较大影响或需要补偿额超过监理人独立确定的范围时，在批复前应取得发包人同意。

（二）开工程序

（1）申请开工。承包人在开工准备工作完成后，按合同进度计划向监理人提交工程开工报审表。开工报审表应详细说明按合同进度计划正常施工所需的施工道路、临时设施、材料设备、施工人员等施工组织措施的落实情况以及工程的进度安排。

（2）监理人审查开工报告。监理人按照现场的实际情况并经发包人同意决定是否发出开工通知——视道路和现场的移交、施工图纸的发放、发包人负责供应的材料等情况，决定按期开工或推迟开工

（3）发出开工通知。监理人应在开工日期7天前，经发包人同意后向承包人发出开工通知。

（4）工期自监理人发出的开工通知中注明的开工日期起计算。

（5）承包人应在开工日期后尽快施工。

（三）施工过程中的进度管理

1. 进度计划的编制和审查

承包人应在开工前编制详细的施工进度计划和施工方案说明报送监理人，监理人应在专用合同条款约定的期限内批复或提出修改意见，否则该进度计划视为已得到批准。规定该程序的重要作用在于经批准的施工进度计划称“合同进度计划”，既是发包人和承包人按计划时间完成合同约定义务以及监理人协调施工进程的依据，也是判定承包人的施工是否受到延误影响的依据。

承包人还应根据合同进度计划，编制更为详细的分阶段或分项进度计划，报监理人审批。

2. 进度计划的动态管理

施工过程中，不论何种原因造成工程的实际进度与合同进度计划不符时（包括进度的超前或滞后），承包人均应修订合同进度计划，以使进度计划具有实际的管理和控制作用。

承包人可以主动向监理人提交修订合同进度计划的申请报告，并附有关措施和相关资料，报监理人审批。监理人可以直接向承包人作出修订合同进度计划的指示，承包人应按该指示修订合同进度计划，报监理人审批。

监理人应在专用合同条款约定的期限内批复。监理人在批复前应获得发包人同意。

3. 工程顺延与延误

（1）可以获得顺延工期的情况。通用条款中明确规定，由于发包人原因导致的延误，承包人有权获得工期顺延和（或）费用加利润补偿的情况包括：

1）增加合同工作内容；

2）改变合同中任何一项工作的质量要求或其他特性；

3）发包人迟延提供材料、工程设备或变更交货地点；

4）因发包人原因导致的暂停施工；

5）提供图纸延误；

6）未按合同约定及时支付预付款、进度款；

7）发包人造成工期延误的其他原因。

（2）异常恶劣的气候条件。由于出现专用合同条款约定的异常恶劣气候条件导致工期延误，承包人有权要求发包人延长工期。因此，订立合同时应根据项目所在地的通常气候状况，在专用条款中明确约定构成异常恶劣气候的标准，作为施工中具体发生事件是否应顺延工期的判定条件。如持续多少天的大风级别；暴雨的降雨强度级别；超高温、超低温的温度界限等。

（3）承包人原因的延误。未能按合同进度计划完成工作，承包人应采取措施加快进度，并承担加快进度所增加的费用。由于承包人原因造成工期延误，承包人应支付逾期竣工违约金。

订立合同时，应在专用条款内约定逾期竣工违约金的计算方法和逾期违约金的最高限额。专用条款说明中建议，违约金的计算方法约定日拖期赔偿额，可采用每天为多少钱或每天为签约合同价的千分之几；最高赔偿限额为签约合同价的3%。

（四）暂停施工

1. 暂停施工的原因

施工过程中发生被迫暂停施工的原因，可能源于发包人的责任，也可能属于承包人的责任。通用条款规定，承包人责任引起的暂停施工，增加的费用和工期由承包人承担；发包人暂停施工的责任，承包人有权要求发包人延长工期和（或）增加费用，并支付合理利润。承包人暂停施工的责任包括：

（1）承包人违约引起的暂停施工；

（2）由于承包人原因，为工程合理施工和安全保障所必需的暂停施工；

（3）承包人擅自暂停施工；

（4）承包人其他原因引起的暂停施工；

（5）专用合同条款约定由承包人承担的其他暂停施工。

2. 暂停施工程序

（1）停工。监理人根据施工现场的实际情况，在认为必要时，向承包人作出暂停施工的指示。承包人应按监理人指示暂停施工。

不论由于何种原因引起的暂停施工，暂停施工期间承包人应负责妥善保护工程并提供安全保障。暂停施工后，监理人应与发包人和承包人协商，采取有效措施积极消除暂停施工的影响。

（2）复工。当工程具备复工条件时，监理人应立即向承包人发出复工通知，承包人收到复工通知后，应在指定的期限内复工。承包人无故拖延和拒绝复工的，由此增加的费用和工期延误由承包人承担。

因发包人原因无法按时复工的，承包人有权要求发包人延长工期和（或）增加费用，并支付合理利润。

（3）紧急情况下的暂停施工。由于发包人的原因发生暂停施工的紧急情况，且监理人未及时下达暂停施工指示，承包人可先暂停施工并及时向监理人提出暂停施工的书面请求。

监理人应在接到书面请求后的24小时内予以答复，逾期未答复的，视为同意承包人的暂停施工请求。

（五）竣工

1. 承包人提交竣工验收申请报告

当工程具备以下条件时，承包人即可向监理人报送竣工验收申请报告：

（1）除监理人同意列入缺陷责任期内完成的尾工（甩项）工程和缺陷修补工作外，承包人的施工已完成合同范围内的全部单位工程以及有关工作，包括合同要求的试验、试运行以及检验和验收均已完成，并符合合同要求；

（2）已按合同约定的内容和份数备齐了符合要求的竣工资料；

（3）已按监理人的要求编制了在缺陷责任期内完成的尾工（甩项）工程和缺陷修补工作清单以及相应施工计划；

（4）监理人要求在竣工验收前应完成的其他工作；

（5）监理人要求提交的竣工验收资料清单。

2. 监理人审查竣工验收报告

监理人收到承包人提交的竣工验收申请报告后，审查申请报告的各项内容后认为工程尚不具备竣工验收条件，应在收到竣工验收申请报告后的28天内通知承包人，指出在颁发接收证书前承包人还需进行的工作内容。承包人完成监理人通知的全部工作内容后，应再次提交竣工验收申请报告，直至监理人同意为止。

监理人审查后认为已具备竣工验收条件，应在收到竣工验收申请报告后的28天内提请发包人进行工程验收。

3. 工程接收证书的签发

（1）通过工程验收。工程竣工验收合格，监理人应在收到竣工验收申请报告后的56天内，向承包人出具经发包人签认的工程接收证书。以承包人提交竣工验收申请报告的日期为实际竣工日期，并在工程接收证书中写明。

（2）竣工验收基本通过。工程验收基本合格但提出了需要整修和完善要求的情况，监理人应指示承包人限期修好，并缓发工程接收证书。待整修和完善工作完成，经监理人复查达到要求后，签发工程接收证书，竣工日仍为承包人提交竣工验收申请报告的日期。

（3）竣工验收不合格。监理人应按照发包人的验收意见发出指示，要求承包人对不合格工程认真返工重做或进行补救处理，并承担由此产生的费用。承包人在完成不合格工程的返工重做或补救工作后，应重新提交竣工验收申请报告。重新验收如果合格，则工程接收证书中注明的实际竣工日，应为承包人重新提交竣工验收报告的日期。

4. 单位工程验收

（1）单位工程验收的情况。整体工程全部完工前需要提前进行单位工程验收和移交，一般出现在以下三种情况包括，一是合同专用条款内约定了某些单位工程分部移交；二是发包人在全部工程竣工前需要使用已经竣工的单位工程，而提出单位工程移交的要求，以便提前发挥部分工程的运行收益；三是承包人从后续施工管理的角度出发而提出单位工程提前验收的建议，并经得发包人同意。

（2）单位工程验收证书。单位工程竣工验收合格后，监理人向承包人出具经发包人签认的单位工程验收证书，单位工程的验收成果和结论作为全部工程竣工验收申请报告的附件。已签发单位工程接收证书的单位工程由发包人负责照管。

5. 延误颁发接收证书

发包人在收到承包人竣工验收申请报告56天后未进行验收的，视为验收合格，实际竣工日期以提交竣工验收申请报告的日期为准，但发包人由于不可抗力不能进行验收的情况除外。

6. 发包人要求提前竣工

如果发包人根据实际情况向承包人提出提前竣工要求，由于涉及合同约定的变更，双方应通过协商将达成的提前竣工协议作为合同文件的组成部分。协议的内容应包括：承包人修订进度计划及为保证工程质量和安全采取的赶工措施；发包人应提供的条件；所需追加的合同价款；提前竣工给发包人带来效益；应给承包人奖励等。专用条款使用说明中建议，奖励金额通常为发包人实际效益的20%。

四、质量管理

（一）对承包人的管理

承包人应对其项目经理和其他人员进行有效管理。当监理人要求撤换不能胜任本职工作、行为不端或玩忽职守的承包人项目经理和其他人员时，承包人应予以撤换。

（二）对工程资料的管理

发包人应将其持有的现场地质勘探资料、水文气象资料提供给承包人，并对其准确性负责。承包人应对阅读上述有关资料后所作出的解释和推断负责。

（三）对发包人提供的材料和工程设备管理

由发包人负责采购的材料和工程设备，在专用条款中具体写明供应的名称、规格、数量、价格、交货方式、交货地点和计划交货日期等。

承包人应根据合同进度计划的安排，向监理人报送要求发包人交货的日期计划。发包人应按照监理人与合同双方当事人商定的交货日期，向承包人提交材料和工程设备，并在到货7天前通知承包人。

承包人应会同监理人在约定的时间内，赴交货地点共同进行验收。发包人提供的材料和工程设备验收后，由承包人负责接收、保管和施工现场内的二次倒运所发生的费用。

发包人要求承包人提前接收物资，承包人不得拒绝，但发包人应承担承包人由此增加的费用。发包人提供的材料和工程设备的规格、数量或质量不符合合同要求，或由于发包人原因发生交货日期延误及交货地点变更等情况的，发包人应承担由此增加的费用和（或）工期延误，并向承包人支付合理利润。

（四）对承包人施工设备的控制

承包人使用的施工设备不能满足合同进度计划和（或）质量要求时，监理人有权要求承包人增加或更换施工设备，增加的费用和（或）工期延误由承包人承担。

承包人的施工设备和临时设施应专用于合同工程，未经监理人同意，不得将上述施工设备和临时设施中的任何部分运出施工场地或挪作他用。经监理人同意后，承包人可根据合同进度计划撤走闲置的施工设备。

（五）试验和检验

1. 现场材料试验

根据合同约定或监理人指示进行的现场材料试验，应由承包人提供试验场所、试验人员、试验设备器材以及其他必要的试验条件。

监理人在必要时可以使用承包人的试验场所、试验设备器材以及其他试验条件，进行以工程质量检查为目的的复核性材料试验。

2. 现场工艺试验

承包人应按合同约定或监理人指示进行现场工艺试验。对大型的现场工艺试验，监理人认为必要时，应由承包人根据监理人提出的工艺试验要求，编制工艺试验措施计划，报送监理人审批。

（六）竣工清场

除合同另有约定外，工程接收证书颁发后，承包人应按以下要求对施工场地进行清理，直至监理人检验合格为止：

（1）施工场地内残留的垃圾已全部清除出场；

（2）临时工程已拆除，场地已按合同要求进行清理、平整或复原；

（3）按合同约定应撤离的承包人设备和剩余的材料，包括废弃的施工设备和材料，已按计划撤离施工场地；

（4）工程建筑物周边及其附近道路、河道的施工堆积物，已按监理人指示全部清理；

（5）监理人指示的其他场地清理工作已全部完成。承包人未按监理人的要求恢复临时占地，或者场地清理未达到合同约定的，发包人有权委托其他人恢复或清理，所发生的金额从拟支付给承包人的款项中扣除。

（七）缺陷责任期的质量管理

工程移交发包人运行后，在缺陷责任期内出现的工程质量缺陷可能是承包人的施工质量原因，也可能属于非承包人应负责原因导致。应由监理人与发包人和承包人共同查明原因，分清责任。对于工程主要部位，承包人责任的缺陷工程修复后，缺陷责任期相应延长。

缺陷责任期满，包括延长的期限终止后14天内，由监理人向承包人出具经发包人签认的缺陷责任期终止证书，并退还剩余的质量保证金。颁发缺陷责任期终止证书，意味承包人已按合同约定完成了施工、竣工和缺陷修复责任的义务。

五、施工安全管理

（一）发包人的施工安全责任

发包人应按合同约定履行安全职责，授权监理人按合同约定的安全工作内容监督、检查承包人安全工作的实施，组织承包人和有关单位进行安全检查。发包人应对其现场机构雇佣的全部人员的工伤事故承担责任，但由于承包人原因造成发包人人员工伤的，应由承包人承担责任。

发包人应负责赔偿以下各种情况造成的第三者人身伤亡和财产损失：

（1）工程或工程的任何部分对土地的占用所造成的第三者财产损失；

（2）由于发包人原因在施工场地及其毗邻地带造成的第三者人身伤亡和财产损失。

（二）承包人的施工安全责任

承包人应按合同约定的安全工作内容，编制施工安全措施计划报送监理人审批，按监理人的指示制定应对灾害的紧急预案，报送监理人审批。承包人还应按预案做好安全检查，配置必要的救助物资和器材，切实保护好有关人员的人身和财产安全。

施工过程中加强施工作业安全管理，特别应加强易燃、易爆材料、火工器材、有毒与腐蚀性材料和其他危险品的管理，以及对爆破作业和地下工程施工等危险作业的管理。严格按照国家安全标准制定施工安全操作规程，配备必要的安全生产和劳动保护设施，加强对承包人人员的安全教育，并发放安全工作手册和劳动保护用具。合同约定的安全作业环境及安全施工措施所需费用包括在相关工作的合同价格中。因采取合同未约定的安全作业环境及安全施工措施增加的费用，由监理人按商定或确定予以补偿。

对其履行合同所雇佣的全部人员，包括分包人人员的工伤事故承担责任，但由于发包人原因造成承包人人员工伤事故的，应由发包人承担责任。由于承包人原因在施工场地内及其毗邻地带造成的第三者人员伤亡和财产损失，由承包人负责赔偿。

(三) 事故处理

1. 通知

工程施工过程中发生事故的，承包人应立即通知监理人，监理人应立即通知发包人。

2. 减损措施

工程事故发生后，发包人和承包人应立即组织人员和设备进行紧急抢救和抢修，减少人员伤亡和财产损失，防止事故扩大，并保护事故现场。需要移动现场物品时，应作出标记和书面记录，妥善保管有关证据。

3. 报告

工程事故发生后，发包人和承包人应按国家有关规定，及时如实地向有关部门报告事故发生的情况，以及正在采取的紧急措施。

六、不利物质条件

标准施工合同文本中除了定义不可抗力外，还列出了施工过程中遇到订立合同时无法预见的不利物质条件的条款。不利物质条件指承包人在施工场地遇到的不可预见的自然物质条件、非自然的物质障碍和污染物，包括地下和水文条件，但不包括气候条件。

施工中承包人遇到不利物质条件时，应采取适应不利物质条件的合理措施继续施工，并及时通知监理人。监理人应当及时发出相应的指示，如果该指示构成变更，则按变更估价对待。如果监理人没有发出指示，承包人因采取合理措施而增加的费用和（或）工期延误，由发包人承担。

七、变更管理

(一) 变更的范围和内容

标准施工合同文本中没有使用“设计变更”的用语，凡与合同约定不一致之处均构成变更。变更的范围包括5个方面：

（1）取消合同中任何一项工作，但被取消的工作不能转由发包人或其他人实施；

（2）改变合同中任何一项工作的质量或其他特性；

（3）改变合同工程的基线、标高、位置或尺寸；

（4）改变合同中任何一项工作的施工时间或改变已批准的施工工艺或顺序；

（5）为完成工程需要追加的额外工作。

(二) 变更程序

施工过程中出现的变更可分为监理人指示的变更和承包人申请的变更两类。

1. 监理人指示的变更

监理人根据工程施工的实际需要或发包人的要求实施的变更，可以进一步划分为直接指示的变更和通过与承包人协商后确定的变更两种情况。

（1）直接指示的变更。直接指示的变更属于必须的变更，如按照发包人的要求提高质量标准、设计错误需要进行的设计修改、协调施工中的交叉干扰等情况。此时不需征求承包人意见，监理人经过发包人同意后发出变更指示要求承包人完成变更工作。

（2）与承包人协商后确定的变更。此类情况属于可能发生的变更，与承包人协商后再确定是否实施变更，如增加承包范围外的某项新增工作等。

1）监理人首先向承包人发出变更意向书，说明变更的具体内容和发包人对变更的时间要求等，并附必要的图纸和相关资料。

2）承包人收到监理人的变更意向书后，如果同意实施变更，则向监理人提出书面变更建议。建议书的内容包括提交拟实施变更工作的计划、措施竣工时间等内容的实施方案以及费用要求。若承包人收到监理人的变更意向书后认为难以实施此项变更，也应立即通知监理人，说明原因并附详细依据，如不具备实施变更项目的施工资质、无相应的施工机具等原因或其他理由。

3）监理人审查承包人的建议书，承包人根据变更意向书要求提交的变更实施方案可行并经发包人同意后，发出变更指示。如果承包人不同意变更，监理人与承包人和发包人协商后确定撤销、改变或不改变原变更意向书。

4）变更建议应阐明要求变更的依据，并附必要的图纸和说明。监理人收到承包人书面建议后，应与发包人共同研究，确认存在变更的，应在收到承包人书面建议后的 14 天内作出变更指示。经研究后不同意作为变更的，应由监理人书面答复承包人。

2. 承包人提出的变更

承包人提出的变更可能涉及建议变更和要求变更两类。

（1）承包人建议的变更。承包人对发包人提供的图纸、技术要求以及其他方面，提出了可能降低合同价格、缩短工期或者提高工程经济效益的合理化建议，均应以书面形式提交监理人。合理化建议书的内容应包括建议工作的详细说明、进度计划和效益以及与其他工作的协调等，并附必要的设计文件。

监理人与发包人协商是否采纳承包人提出的建议。建议被采纳并构成变更的，监理人向承包人发出变更指示。

承包人提出的合理化建议使发包人获得了降低工程造价、缩短工期、提高工程运行效益等实际利益，应按专用合同条款中的约定给予奖励。

（2）承包人要求的变更。承包人收到监理人按合同约定发出的图纸和文件，经检查认为其中存在属于变更范围的情形，如提高工程质量标准、增加工作内容、工程的位置或尺寸发生变化等，可向监理人提出书面变更建议。变更建议应阐明要求变更的依据，并附必要的图纸和说明。

监理人收到承包人的书面建议后，应与发包人共同研究，确认存在变更的，应在收到承包人书面建议后的 14 天内作出变更指示。经研究后不同意作为变更的，应由监理人书面答复承包人。

（三）变更估价

1. 变更估价的程序

承包人应在收到变更指示或变更意向书后的 14 天内，向监理人提交变更报价书，详细开列变更工作的价格组成及其依据，并附必要的施工方法说明和有关图纸。变更工作影响工期的，承包人应提出调整工期的具体细节。监理人认为有必要时，可要求承包人提交要求提前或延长工期的施工进度计划及相应施工措施等详细资料。

监理人收到承包人变更报价书后的14天内，根据合同约定的估价原则，商定或确定变更价格。

2. 变更的估价原则

(1) 已标价工程量清单中有适用于变更工作的子目，采用该子目的单价计算变更费用；

(2) 已标价工程量清单中无适用于变更工作的子目，但有类似子目的，可在合理范围内参照类似子目的单价，由监理人商定或确定变更工作的单价；

(3) 已标价工程量清单中无适用或类似子目的单价，可按照成本加利润的原则，由监理人商定或确定变更工作的单价。

八、费用管理

(一) 市场价格浮动引起的价格调整

约定施工工期12个月以上的工程应考虑市场价格浮动对合同价格的影响。标准施工合同通用条款规定用公式法调价，但仅适用于工程量清单中单价支付部分。

1. 调价公式

施工过程中每次支付工程进度款时，用该公式综合计算本期内因市场价格浮动应调整的价格差额。

$$\Delta P = P_0\left[A + \left(B_1 \times \frac{F_{t1}}{F_{01}} + B_2 \times \frac{F_{t2}}{F_{02}} + B_3 \times \frac{F_{t3}}{F_{03}} + \cdots\cdots + B_n \times \frac{F_{tn}}{F_{0n}}\right) - 1\right] \quad (3\text{-}1)$$

式中 ΔP——需调整的价格差额；

P_0——付款证书中承包人应得到的已完成工程量的金额。不包括价格调整、不计质量保证金的扣留和支付、预付款的支付和扣回。变更及其他金额已按现行价格计价的，也不计在内；

A——定值权重（即不调部分的权重）；

B_1；B_2；$B_3 \cdots\cdots B_n$——各可调因子的变值权重（即可调部分的权重）为各可调因子在投标函投标总报价中所占的比例；

F_{t1}；F_{t2}；$F_{t3} \cdots\cdots F_{tn}$——各可调因子的现行价格指数，指约定的付款证书相关周期最后一天的前42天的各可调因子的价格指数；

F_{01}；F_{02}；$F_{03} \cdots\cdots F_{0n}$——各可调因子的基本价格指数，指基准日期的各可调因子的价格指数。

2. 调价公式的基数

价格调整公式中的各可调因子、定值和变值权重，以及基本价格指数及其来源在投标函附录价格指数和权重表中约定，以基准日的价格为准。价格指数应首先采用有关部门提供的价格指数，缺乏上述价格指数时，也可采用有关部门提供的价格代替。用公式法计算价格的调整，既可以用当时的市场平均价格指数或价格计算调整值，而不必考虑承包人具体购买材料的价格贵贱，又可以避免每次中期支付工程进度款前去核实承包人购买材料发票或单据再计算调整价格的繁琐程序。通用条款给出的基准价格指数约定见表3-1。

价格指数（或价格）与权重表 **表 3-1**

名称		基本价格指数（或基本价格）		权重			价格指数来源（或价格来源）
		代号	指数值	代号	允许范围	投标单位建议值	
定值部分				A			
变值部分	人工费	F_{01}		B_1	___至___		
	水泥	F_{02}		B_2	___至___		
	钢筋	F_{03}		B_3	___至___		
	……	……		……			
合计						1.0	

3. 调价公式的应用

（1）在每次支付工程进度款计算调整差额时，如果得不到现行价格指数，可暂用上一次价格指数计算，并在以后的付款中再按实际价格指数进行调整。

（2）由于变更导致原定合同中约定的权重变得不合理时，由监理人与承包人和发包人协商后进行调整。

（3）因非承包人原因导致工期顺延后，后续的支付过程中调价公式继续有效。

（4）因承包人原因未在约定的工期内竣工，应采用原约定竣工日期与实际竣工日期的两个价格指数中较低的一个作为现行价格指数。

（5）施工期内，因人工、材料、设备和机械台班价格波动影响合同价格时，人工、机械使用费按照国家或省、自治区、直辖市建设行政管理部门、行业建设管理部门或其授权的工程造价管理机构发布的人工成本信息、机械台班单价或机械使用费系数进行调整；需要进行价格调整的材料，其单价和采购数应由监理人复核，监理人确认需调整的材料单价及数量，作为调整工程合同价格差额的依据。

（二）法律变化引起的价格调整

基准日后，因法律变化导致承包人在合同履行中所需要的工程费用发生除市场价格调整以外的增减时，监理人应根据法律、国家或省、自治区、直辖市有关部门的规定，商定或确定需调整的合同价款。

（三）质量保证金的扣留和返还

质量保证金是发包人在承包人的应得工程款内预先扣留的一笔款项，既要约束承包人在施工阶段保证工程质量，又要保障缺陷责任期内承包人按合同约定承担缺陷修复责任。

1. 保留金的约定

标准施工合同通用条款要求在专用条款内约定每次支付工程进度款时应扣留的保留金比例和保留金总额。总额可以采用某一金额或合同价格的某一百分比（通常为5%）。

2. 保留金的扣留

从第一个付款周期开始，在承包人应获得的工程进度款中，按专用合同条款约定的比例扣留本期的质量保证金。累计扣留的质量保证金总额达到专用合同条款约定的金额或比例为止。质量保证金的计算基数不包括预付款的支付、扣回以及因物价浮动对价格调整的金额。

3. 保留金的返还

缺陷责任期满时监理人颁发缺陷责任终止证书后，承包人向发包人申请到期应返还承包人剩余的质量保证金，发包人应在 14 天内会同承包人，按照合同约定的内容核实承包人是否完成缺陷责任。如无异议，发包人应当在核实后将剩余保证金返还承包人。如果约定的缺陷责任期满时，承包人还没有完成缺陷修复责任，发包人有权扣留与未履行责任剩余工作所需金额相应的质量保证金余额，直至约定要求延长缺陷责任期满再返还剩余的质量保证金。

（四）工程量计量

已完成合格工程量计量的数据，是工程进度款支付的依据。承包的工作内容在工程量清单或报价单内，即可能包括单价支付的项目，也可能有总价支付部分，如设备安装工程，因此，单价支付与总价支付的项目在计量和付款中有较大区别。

1. 计量周期

单价子目已完成工程量按月计量；总价子目的计量周期按批准的支付分解报告确定。

2. 单价子目的计量程序

工程款支付前，按合同约定的方法进行工程量计量。

（1）承包人单独计量。

1）承包人对已完成的工程进行计量，向监理人提交进度付款申请单、已完成工程量报表和有关计量资料。

2）监理人对承包人提交的工程量报表进行复核，以确定实际完成的工程量。

3）监理人对数量有异议时，可要求承包人进行共同复核和抽样复测。承包人应协助监理人进行复核并按监理人要求提供补充计量资料。承包人未按监理人要求参加复核，监理人复核或修正的工程量视为承包人实际完成的工程量。

（2）监理人与承包人共同计量。监理人认为有必要时，可通知承包人共同进行联合测量、计量，承包人应遵照执行。

（3）承包人完成工程量清单中每个子目的工程量后，监理人应要求承包人派员共同对每个子目的历次计量报表进行汇总，以核实最终结算工程量。监理人可要求承包人提供补充计量资料，以确定最后一次进度付款的准确工程量。承包人未按监理人要求派员参加的，监理人最终核实的工程量视为承包人完成该子目的准确工程量。

（4）监理人应在收到承包人提交的工程量报表后的 7 天内进行复核，监理人未在约定时间内复核的，承包人提交的工程量报表中的工程量视为承包人实际完成的工程量，据此计算工程价款。

3. 总价子目的计量

总价子目的计量和支付应以总价为基础，不考虑市场价格浮动的调整。承包人实际完成的工程量，是进行工程目标管理和控制进度支付的依据。

承包人在合同约定的每个计量周期内，对已完成的工程进行计量，并向监理人提交进度付款申请单、专用合同条款约定的合同总价支付分解表所表示的阶段性或分项计量的支持性资料，以及所达到工程形象目标或分阶段需完成的工程量和有关计量资料。

监理人对承包人提交的上述资料进行复核，以确定分阶段实际完成的工程量和工程形象目标。对其有异议的，可要求承包人进行共同复核和抽样复测。

除变更外，总价子目的工程量是承包人用于结算的最终工程量。

（五）工程进度款的支付

工程进度款的付款周期与计量周期相同。支付程序为：首先，承包人在计量的基础上提交进度款付款申请单，监理人审查后签发工程进度款支付证书，发包人收到支付证书后予以支付。

1. 进度付款申请单

承包人应在每个付款周期末，按监理人批准的格式和专用合同条款约定的份数，向监理人提交进度付款申请单，并附相应的支持性证明文件。通用条款中要求进度付款申请单的内容包括：

（1）付款次数及编号；

（2）截至本次付款周期末已实施工程的价款；

（3）变更金额；

（4）索赔金额；

（5）本次应支付的预付款和扣减的返还预付款；

（6）本次扣减的质量保证金；

（7）根据合同应增加和扣减的其他金额。

2. 进度款支付证书

监理人在收到承包人进度付款申请单以及相应的支持性证明文件后14天内完成核查，提出发包人到期应支付给承包人的金额以及相应的支持性材料。经发包人审查同意后，由监理人向承包人出具经发包人签认的进度付款证书。

监理人有权扣发承包人未能按照合同要求履行任何工作或义务的相应金额，如扣除质量不合格部分的工程款等。

3. 进度款的支付

发包人应在监理人收到进度付款申请单后的28天内，将进度应付款支付给承包人。发包人不按期支付，按专用合同条款的约定，支付逾期付款违约金。

4. 工程进度付款的修正

通用条款规定，监理人出具进度付款证书，不应视为监理人已同意、批准或接受了承包人完成的该部分工作，在对以往历次已签发的进度付款证书进行汇总和复核中发现错、漏或重复的，监理人有权予以修正，承包人也有权提出修正申请。经双方复核同意的修正，应在本次进度付款中支付或扣除。

（六）竣工结算

1. 承包人提交竣工付款申请单

工程进度款的分期支付是阶段性的临时支付，因此，工程接收证书颁发后，承包人应按专用合同条款约定的份数和期限向监理人提交竣工付款申请单，并提供相关证明材料。付款申请单应说明竣工结算的合同总价、发包人已支付承包人的工程价款、应扣留的质量保证金、应支付的竣工付款金额。

2. 监理人审查

监理人对竣工付款申请单如果有异议，有权要求承包人进行修正和提供补充资料，经监理人和承包人协商后，由承包人向监理人提交修正后的竣工付款申请单。

3. 签发竣工付款证书

监理人在收到承包人提交的竣工付款申请单后 14 天内完成核查，提出发包人到期应支付给承包人的价款送发包人审核并抄送承包人。发包人应在收到后 14 天内审核完毕后，由监理人向承包人出具经发包人签认的竣工付款证书。

4. 未按规定程序完成的责任

监理人未在约定时间内核查，又未提出具体意见的，视为承包人提交的竣工付款申请单已经监理人核查同意。

发包人未在约定时间内审核又未提出具体意见的，监理人提出发包人到期应支付给承包人的价款视为已经发包人同意。

5. 支付

发包人应在监理人出具竣工付款证书后的 14 天内，将应支付款支付给承包人。发包人不按期支付，将逾期付款违约金支付给承包人。如果承包人对发包人签认的竣工付款证书有异议，发包人可出具竣工付款申请单中承包人已同意部分的临时付款证书，存在争议的部分，按合同约定的争议条款处理。

(七) 最终结清

缺陷责任期终止证书签发后，发包人与承包人进行合同付款的最终结清。结清的内容涉及质量保证金的返还、缺陷责任期内修复非承包人缺陷责任的工作、缺陷责任期内涉及的索赔等。标准合同通用条款对最终结清作出了明确的规定。

1. 承包人提交最终结清申请单

承包人按专用合同条款约定的份数和期限向监理人提交最终结清申请单，并提供缺陷责任期内的索赔、质量保证金应返还的余额等相关证明材料。质量保证金不足以抵减发包人损失时，承包人还应承担不足部分的赔偿责任。发包人对最终结清申请单内容有异议时，有权要求承包人进行修正和提供补充资料。承包人再向监理人提交修正后的最终结清申请单。

2. 监理人签发最终结清证书

监理人收到承包人提交的最终结清申请单后的 14 天内，提出发包人应支付给承包人的价款送发包人审核并抄送承包人。发包人应在收到后 14 天内审核完毕，由监理人向承包人出具经发包人签认的最终结清证书。

监理人未在约定时间内核查，又未提出具体意见，视为承包人提交的最终结清申请已经监理人核查同意。发包人未在约定时间内审核又未提出具体意见，监理人提出应支付给承包人的价款视为已经发包人同意。

3. 最终支付

发包人应在监理人出具最终结清证书后的 14 天内，将应支付款支付给承包人。发包人不按期支付，还需将逾期付款违约金支付给承包人。

承包人对发包人签认的最终结清证书有异议时，按合同争议处理。

4. 结清单生效

承包人收到发包人最终支付款后结清单生效。结清单生效即表明合同终止，承包人不再拥有索赔的权利。如果发包人未按时支付结清款，承包人仍可就此事项进行索赔。

第四章 建设工程项目管理

第一节 概 述

建设工程项目管理是指通过一定的组织形式，用系统工程的观点、理论和方法对建设工程项目策划决策、设计施工、竣工验收等系统运动过程进行计划、组织、指挥、协调和控制的过程，以达到保证工程质量、缩短工期、提高投资效益的目的。建设工程项目管理是以建设工程项目目标控制（质量控制、进度控制和造价控制）为核心的管理活动。当然，有效控制建设工程质量、进度和造价，是建设工程项目管理的基本目标，建设工程项目管理的更高层次应该是满足利益相关者的期望，使所有的利益相关者都满意。

一、工程项目管理的类型

在建设工程项目策划决策与建设实施过程中，由于各阶段的任务和实施主体不同，也就构成了建设工程项目管理的不同类型（图 4-1），包括：业主方项目管理、工程总承包方项目管理、设计方项目管理、施工方项目管理。从系统角度分析，每一类型的项目管理都是在特定条件下，为实现整个建设工程项目总目标的一个管理子系统。

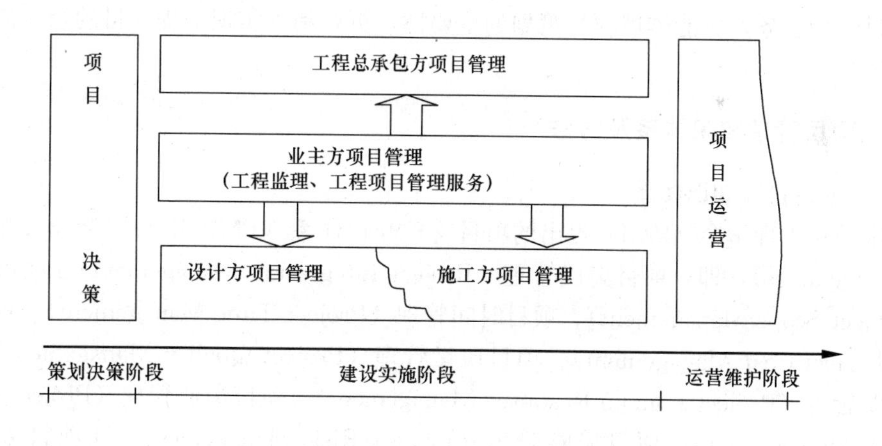

图 4-1 建设工程项目管理的类型

从图 4-1 中可以看出，业主方项目管理是建设工程项目管理的核心，而且覆盖项目策划决策与建设实施的全过程。由于建设工程项目属于一次性任务，业主（建设单位）自行进行项目管理往往存在很大的局限性。首先，在技术和管理方面，可能缺乏配套的专业化力量；其次，即使业主（建设单位）配备完善的管理机构，没有连续的工程任务也是不经济的。在市场经济条件下，业主（建设单位）完全可以依靠专业化、社会化的工程项目管理单位，为其提供全过程或若干阶段的项目管理服务。当然，在我国工程建设管理体制下，工程监理单位接受业主（建设单位）委托实施监理，也属于一种专业化的工程项目管理服务。值得指出的是，与一般的工程项目管理咨询服务不同，我国的法律法规赋予工程监理单位、监理工程师更多的社会责任，特别是建设工程安全生产管理方面的责任。事实上，业主方项目管理既包括业主（建设单位）自身的项目管理，也包括受其委托的工程监理单位和工程项目管理单位的项目管理。

二、工程监理与项目管理服务的区别

尽管工程监理与项目管理服务均是由社会化的专业单位为业主（建设单位）提供服务，但在服务的性质、范围及侧重点等方面有着本质区别。

（一）服务性质不同

工程监理是一种强制实施的制度。属于国家规定强制实施监理的工程，业主（建设单位）必须委托工程监理，工程监理单位不仅要承担业主（建设单位）委托的项目管理任务，还需要承担法律法规所赋予的社会责任，如安全生产管理方面的职责和义务。工程项目管理服务属于委托性质，业主（建设单位）在人力资源有限、专业性不能满足工程建设管理需求时，才会委托工程项目管理单位协助其实施项目管理。

（二）服务范围不同

工程监理只局限于建设工程实施阶段，目前，大部分工程仅在施工阶段实施监理。而工程项目管理服务可以覆盖项目策划决策、建设实施（设计、施工）的全过程。

（三）服务侧重点不同

工程监理单位尽管也要采用规划、控制、协调等方法为建设单位提供专业化服务，但其中心任务是目标控制。工程项目管理单位能够在项目策划决策阶段为建设单位提供专业化的项目管理服务，更能体现项目策划的重要性，更有利于实现工程项目的全寿命期、全过程管理。

三、项目管理知识体系及方法

（一）项目管理知识体系

美国项目管理学会（PMI）提出的项目管理知识体系（PMBOK）包括九大知识领域（knowledge areas），即：项目集成管理（Project Integration Management）、项目范围管理（Project Scope Management）、项目时间管理（Project Time Management）、项目费用管理（Project Cost Management）、项目质量管理（Project Quality Management）、项目人力资源管理（Project Human Resource Management）、项目沟通管理（Project communications Management）、项目风险管理（Project Risk Management）和项目采购管理（Project Procurement Management）。各知识领域均包含有计划及其实施过程中的监测与控制，如图 4-2 所示。

项目管理不仅仅是指单一项目管理（Individual Project Management），还包括多项目管理，即：项目群管理（Program Management）和组合项目管理（Portfolio Management）。所谓项目群管理，是指组织为实现战略目标、获得收益而以一种综合协调方式对一组相关项目进行的管理。由多个项目组成的通信卫星系统是一个典型的项目群实例，该项目群包括卫星和地面站的设计、卫星和地面站的施工、系统集成、卫星发射等多个项目。所谓组合项目管理，是指将若干项目或项目群与其他工作组合在一起进行有效管理，

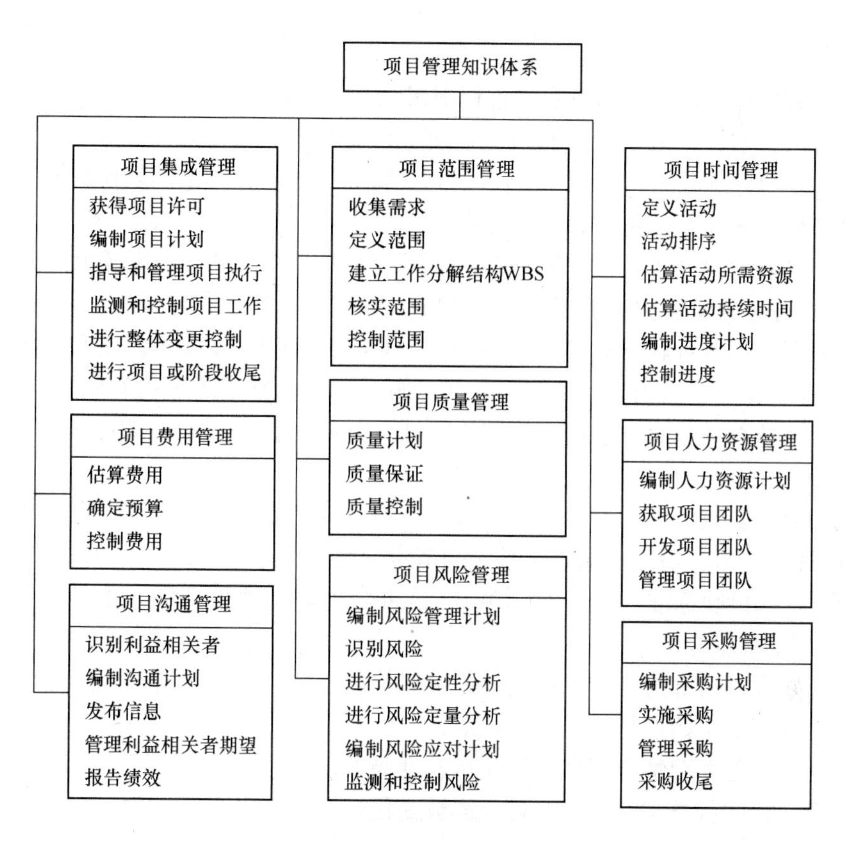

图 4-2 项目管理知识体系

以实现组织的战略目标。组合项目中的项目或项目群之间没必要相互关联或直接相关。例如，一个基础设施公司为实现其投资回报最大化的战略目标，可将石油天然气、能源、水利、道路、铁道、机场等多个项目或项目群组合在一起，实施组合项目管理。

(二) 项目管理常用方法

项目管理有很多方法，这里仅介绍工作分解结构（WBS）、责任矩阵和里程碑方法。

1. 工作分解结构

工作分解结构（Work Breakdown Structure，WBS）是以可交付成果为导向，将项目目标和所需可交付成果划分为更小的、更便于管理的组成部分，直到工作和可交付成果被定义到工作包的层次。工作分解结构每向下分解一层，代表着对项目工作更详细的定义。

工作分解结构组织并定义了项目总范围，包含了全部的产品和项目工作。WBS 处于计划过程的中心，是进度计划、资源需求、费用预算、风险管理、采购计划及项目变更控制的重要基础。WBS 可采用列表式、组织结构图式、鱼骨图式等表示。

(1) 建立 WBS 的步骤。项目管理活动中，建立 WBS 的步骤通常如下：

1）获得项目工作范围说明；

2）分析项目主要任务，确定项目工作分解方式；

3）进行项目工作分解，并可将高层次的工作任务定义为里程碑事件；

4）将项目任务分解成细小的项目元素，以可交付成果为工作包，务必将项目详细到可预算、可分配责任人、可安排进度；

5）检验分解的正确性，防止较高级项目元素没有被分解，并修改没有必要的低级项目元素；

6）建立编码体系，便于项目实施过程中跟踪和查询；

7）随着项目实施，不断更新 WBS，保证其涵盖所有项目元素。

（2）WBS 的分解方式。对同一项目而言，WBS 的分解方式不同，所得到的分解结果也不同。WBS 的分解方式主要有以下几种：

1）按照进展阶段分解。项目过程有不同阶段，各个阶段的任务并不相同，可将每个阶段作为一个分解元素。如：工程设计、招标、施工、竣工等。

2）按照职能系统分解。对一个项目而言，可以将 WBS 分解元素定义为各个职能部门。如：设计、制造、营销、服务，而各部门的下属科室则是更下一级的分解。

3）按照系统结构分解。根据项目结构特性，分解为各个元素。如：基础工程、主体结构工程、设备安装工程、装饰装修工程等。

4）按照时间节点分解。由于客户要求的最终日期确定，因此，需要提供的各项服务应从后向前逐个分解，最终得到一个按时间节点分解的工作结构。

（3）WBS 的检验标准。为了检验 WBS 是否合理以及项目全部元素是否都被完全分解，可参考以下检验标准：

1）每个元素是否都为一个工作包，即可交付成果；

2）每个元素的起始点是否已准确规定；

3）时间安排是否合情合理且满足项目进度要求；

4）每个元素的状态和完成情况是否都被量化；

5）各个元素之间是否互不干涉；

6）每个元素的费用是否易于计算。

（4）WBS 示例。某地拟投资建设一个电子配件厂，主要包括生产车间、与生产相适应的辅助设施、公用工程以及有关生活福利设施。

1）该电子配件厂区工程按进展阶段分解的 WBS 见表 4-1，括号中数字为编码。

厂区工程进展阶段 WBS 表 **表 4-1**

1 级	2 级	3 级
厂区工程（100）	策划决策阶段（110）	项目策划（111）
		可行性研究（112）
	招投标阶段（120）	勘察设计招标（121）
		监理招标（122）
		施工招标（123）
		材料、设备采购招标（124）
	勘察设计阶段（130）	初步设计（131）
		技术设计（132）
		施工图设计（133）
	施工阶段（140）	建设准备（141）
		施工安装（142）
		生产准备（143）
	竣工验收阶段（150）	竣工验收（151）
		工程保修（152）

2）该电子配件厂区工程按施工分解的 WBS 见表 4-2，括号中数字为编码。

厂区工程施工工作 WBS 表　　表 4-2

1级	2级	3级	4级
厂区工程施工（1000）	厂房建筑工程（1100）	土建工程（1110）	土石方工程（1111）
			桩与地基基础工程（1112）
			砌筑工程（1113）
			混凝土及钢筋混凝土工程（1114）
			厂库房大门、特种门、木结构工程（1115）
			金属结构工程（1116）
			屋面及防水工程（1117）
			防腐、隔热、保温工程（1118）
		装饰装修工程（1120）	楼地面工程（1121）
			墙柱面工程（1122）
			顶棚工程（1123）
			抹灰工程资料（1124）
			门窗工程资料（1125）
		电气工程（1130）	建筑电气工程（1131）
			通风空调工程（1132）
			电梯工程（1133）
			智能建筑系统工程（1134）
			特殊设备工程（1135）
		给水排水采暖燃气工程（1140）	给水排水工程（1141）
			采暖工程（1142）
			燃气工程（1143）
		消防工程（1150）	
	场区美化工程（1200）	室外环境工程（1210）	道路工程（1211）
			绿化工程（1212）
			园林景观工程（1213）
			其他室外工程（1214）
		室外安装工程（1220）	市政管网工程（1221）
			照明工程（1222）
			场区监控系统（1223）
			污水处理工程（1224）
			场区供电系统（1225）

2. 责任矩阵

责任矩阵（Responsibility Matrix，RM）是一种将工作任务分配、落实到项目执行组织的相关职能部门或个人，并明确表示出其角色、职责和工作关系的矩阵。即以表格形式表示工作分解结构（WBS）中每项工作的职能部门或个人责任的一种工具。

责任矩阵表头部分填写项目需要的各种人员角色，纵向填写各项工作内容，而与活动交叉的部分则填写每个角色对每项工作的责任关系，用字母或特定的符号表示相关部门或个人在不同工作任务中的角色和职责，简洁明确地显示出项目人员的分工情况，从而建立“人”与“事”的关联。

应用责任矩阵可以非常方便地进行责任检查：横向检查可以确保每项工作有人负责，纵向检查可以确保每个人至少负责一件“事”。在完成工作估算后，还可以横向统计每项工作的总工作量，纵向统计每个角色投入的总工作量。

（1）RM 的应用步骤。应用 RM 包括以下几个步骤：

1）列出需要完成的项目任务项。如果已有 WBS，则可直接利用 WBS 中的工作包。

2）列出参与项目管理以及负责执行项目任务的个人或职能部门，并搞清楚这些人员的教育背景、工作经验、性格特征以及能够用在本项目中的工作时间，以便在分工时予以考虑。

3）以工作任务为行（或列），以执行工作任务的个人或部门为列（或行），画出相互关系矩阵图。

4）在矩阵图的行与列交叉处，用字母、符号或数字表示任务与执行者在项目管理中的角色和职责。如 P（Principal）表示负责人；S（Support）表示支持者或参与者；R（Review）表示审核者。

5）检查各个部门或人员的任务分配是否均衡、适当，如有必要，则需进一步调整和优化。

6）就责任矩阵与项目成员沟通，让每个人都清楚自己在项目中的任务和要求，确保项目成员明确各自的角色和承担的职责，获取他们的承诺，从而确保项目各项任务的完成。

（2）RM 的优点。应用 RM，有以下优点：

1）将项目的具体任务分配、落实到相关的人员或职能部门，使项目的人员分工一目了然，每个成员都能明确各自职责。

2）清楚地显示出项目执行组织各部门或个人之间的角色、职责和相互关系，从而避免责任不清而出现的无人负责、推诿扯皮的现象。

3）可以充分考虑任务执行人员的工作经验、教育背景、职业资格、兴趣爱好、年龄性别等特征进行分工，确保最适当的人去做适当的事，从而提高工作和项目管理的效率。

4）有利于项目负责人从宏观上看清任务的分配是否平衡、适当，确保项目人力资源得到充分、有效的利用。

5）确保项目因人设岗，机构精炼。

6）便于就人员分工情况与项目责任相关者进行沟通，使项目团队成员都知道各自的角色和职责，并且达成共识。

（3）RM 示例。某纺织厂二期工程分为生产区、生活区、办公区、仓库区（原料库、成品库、机物料库等）、动力区（高低压配电、水泵房、空压站、锅炉房等），该工程施工阶段的 WBS 如图 4-3 所示（文字下方数字为编码）。

根据 WBS，可得责任矩阵（RM）见表 4-3。

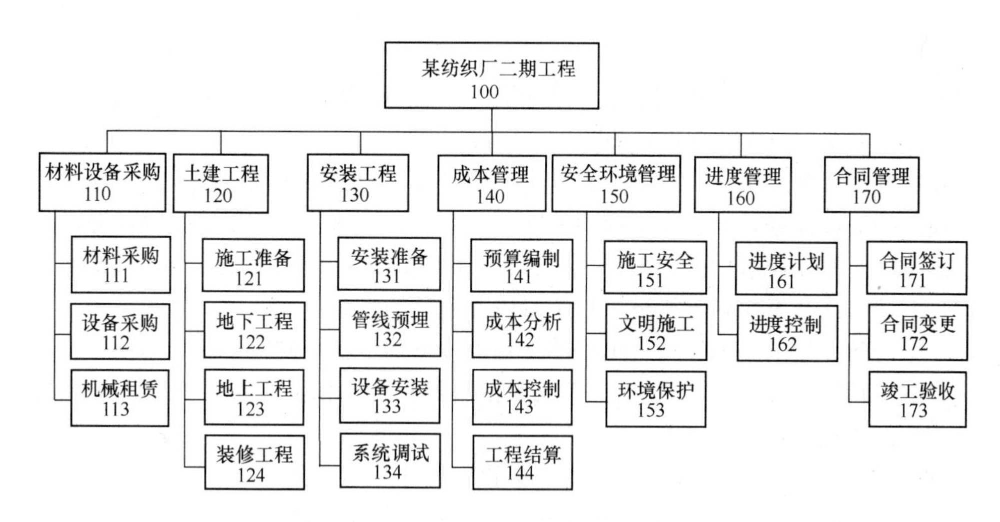

图 4-3 某纺织厂二期工程 WBS 图

某纺织厂二期工程项目管理部责任矩阵 **表 4-3**

代码	工作任务	项目经理	质量管理部	成本管理部	采购管理部	合同预算部	安全环境管理部
111	材料采购	R	S	S	P	S	S
112	设备采购	R	S	S	P	S	S
113	机械租赁	R	S	S	P	S	S
121	施工准备	R	P	S	S	S	S
122	地下工程	R	P	S	S	S	S
123	地上工程	R	P	S	S	S	S
124	装修工程	R	P	S	S	S	S
131	安装准备	R	P	S	S	S	S
132	管线预埋	R	P	S	S	S	S
133	设备安装	R	P	S	S	S	S
134	系统调试	R	P	S	S	S	S
141	预算编制	R	S	P	S	S	S
142	成本分析	R	S	P	S	S	S
143	成本控制	R	S	P	S	S	S
144	工程结算	R	S	P	S	S	S
151	施工安全	R	S	S	S	S	P
152	文明施工	R	S	S	S	S	P
153	环境保护	R	S	S	S	S	P
161	进度计划	R	S	S	S	P	S
162	进度控制	R	S	S	S	P	S
171	合同签订	R	S	S	S	P	S
172	合同变更	R	S	S	S	P	S
173	竣工验收	P	S	S	S	S	S

注：P——负责；R——批准；S——参与。

3. 里程碑

里程碑（milestone）是指项目的重大事件（event），在项目进展过程中不占用资源，通常是指一个可交付成果（deliverable）完成的时间点。

里程碑在项目管理中具有重要意义。里程碑事件是确保完成项目需求的工作项目序列中不可或缺的关键任务，如建设工程中的立项、开工、主体工程完工等关键任务都是项目的里程碑事件。里程碑事件犹如项目进展过程中的领航灯，显示了项目为达到最终目标而必须经过的条件或状态序列，描述了每个阶段要达到的状态。

（1）里程碑计划的编制步骤。里程碑计划可按下列步骤编制：

1）从项目既定目标开始，反向推算其紧前关键目标，依此类推，衍生出从项目起始到终结的所有关键目标。

2）依据过去同类项目经验，确定各个里程碑事件并进行合理命名。

3）复查里程碑事件，确定各个里程碑事件是独立的里程碑事件。

4）尝试每条因果路径，使其成为前后相关路径。

5）从最后一个目标开始，依次往前，找出逻辑依存关系，以便可以复查每个里程碑事件，增加或删除某些里程碑事件，或者改变因果路径的定义。

6）画出项目里程碑计划图表。

（2）里程碑计划示例。某政府投资工程，经分析得到的里程碑事件见表 4-4。

里程碑事件表 **表 4-4**

项目进展阶段	里程碑事件	开始时间	完成时间
策划决策	项目建议书	2011-07	2011-09
	可行性研究	2011-10	2011-12
勘察设计	初步设计	2012-01	2012-03
	施工图设计	2012-04	2012-05
建设准备	建设准备	2012-06	2012-08
施工	施工准备	2012-09	2012-09
	基础工程	2012-10	2012-12
	主体工程	2013-01	2013-05
	安装工程	2013-06	2013-08
	装修工程	2013-09	2011-12
竣工验收	竣工移交	2013-12	2013-12

经分析得到的因果路径如图 4-4 所示。

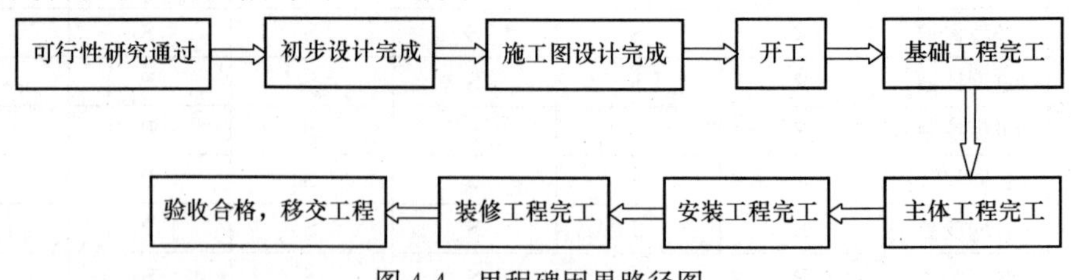

图 4-4 里程碑因果路径图

由此绘制的里程碑计划如图 4-5 所示。

里程碑事件	2011-12	2012-03	2012-05	2012-06	2012-12	2013-12	2014-03	2014-03
可行性研究通过	☆							
初步设计完成		☆						
施工图设计完成			☆					
开工				☆				
基础工程完工					☆			
主体工程完工						☆		
安装工程完工							☆	
装修工程完工								☆
验收合格，移交工程								☆

图 4-5　某工程里程碑计划

第二节　工程监理与项目管理一体化

工程监理与项目管理一体化是指工程监理单位在实施监理的同时，为建设单位提供项目管理服务。由同一家工程监理单位为建设单位同时提供监理与项目管理服务，既符合国家推行工程监理制度的要求，也能满足建设单位对于工程项目管理专业化服务的需求，而且从根本上避免了工程监理与项目管理职责的交叉重叠。推行工程监理与项目管理一体化，对于深化我国工程建设管理体制和工程项目实施组织方式的改革，促进工程监理企业的持续健康发展具有十分重要的意义。

一、实施条件

实施工程监理与项目管理一体化，须具备以下条件：

（一）建设单位的信任和支持是前提

建设单位的信任和支持是顺利推进工程监理与项目管理一体化的前提。首先，建设单位要有工程监理与项目管理一体化的需求；其次，建设单位要严格履行合同，充分信任工程监理单位，全力支持工程监理与项目管理机构的工作，尊重工程监理与项目管理机构的意见和建议，这是鼓舞和激发工程监理与项目管理机构人员积极主动开展工作的重要条件。

（二）工程监理与项目管理队伍素质是基础

高素质的专业队伍是提供优质工程监理与项目管理一体化服务的基础。工程监理与项目管理一体化服务对工程监理与项目管理人员提出了更高的要求，专业管理人员必须是复合型人才，需要懂技术、会管理、善协调。如果没有集工程技术、工程经济、项目管理、法规标准于一体的综合素质，不具有工程项目集成化管理能力，很难得到建设单位的认可和信任。

（三）建立健全相关制度和标准是保证

工程监理与项目管理一体化模式的实施，需要相关制度和标准加以规范。对工程监理与项目管理机构而言，需要在总监理工程师的全面管理和指导下，建立健全相关规章制度，并进一步明确工程监理与项目管理一体化服务的工作流程，不断完善工程监理与项目管理一体化服务的工作指南，实现工程监理与项目管理一体化服务的规范化、标准化。

二、组织机构及岗位职责

对于工程监理企业而言，实施建设工程监理与项目管理一体化，首先需要结合工程项目特点、工程监理与项目管理要求，建立科学的组织机构，合理划分管理部门和岗位职责。

（一）组织机构设置

实施工程监理与项目管理一体化，仍应实行总监理工程师负责制。在总监理工程师全面管理下，工程监理单位派驻工程现场的机构可下设工程监理部、规划设计部、合同信息部、工程管理部等。工程监理与项目管理一体化组织机构参见图 4-6。

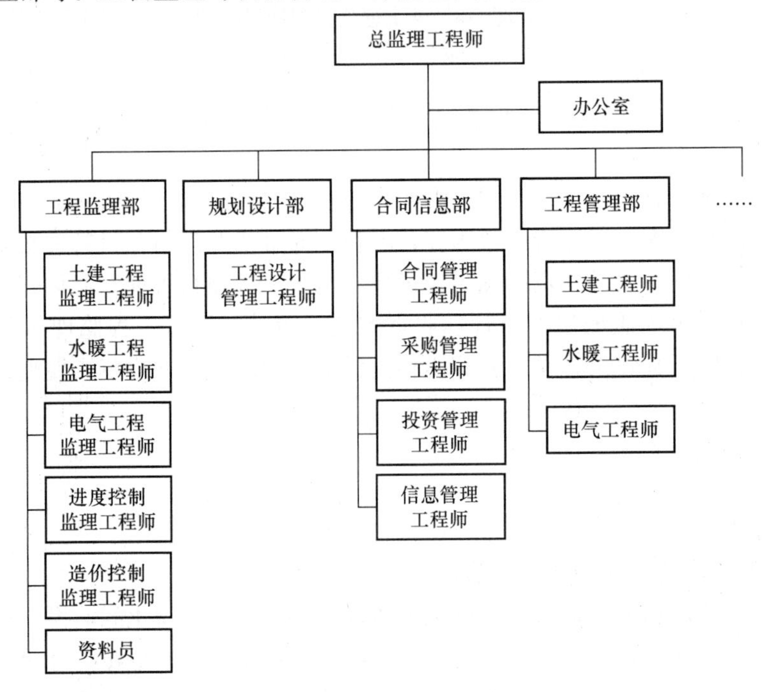

图 4-6　建设工程监理与项目管理一体化组织机构

（二）部门及岗位职责

1. 总监理工程师的岗位职责

总监理工程师是工程监理单位在建设工程项目的代表人。总监理工程师将全面负责履行工程监理与项目管理合同、主持工程监理与项目管理机构的工作。

总监理工程师负责确定工程监理与项目管理机构的人员分工和岗位职责；组织编写工程监理与项目管理计划大纲，并负责工程监理与项目管理机构的日常工作；负责对工程监理与项目管理情况进行监控和指导；组织制定和实施工程监理与项目管理制度；组织工程监理与项目管理会议；定期组织形成工程监理与项目管理报告；发布有关工程监理与项目管理指令；协调有关各方之间的关系等。

根据《建设工程监理规范》，总监理工程师实施监理的具体职责包括：

（1）确定项目监理机构人员及其岗位职责；

（2）组织编制监理规划，审批监理实施细则；

（3）根据工程进展情况安排监理人员进场，检查监理人员工作，调换不称职监理人员；

（4）组织召开监理例会；

（5）组织审核分包单位资格；

（6）组织审查施工组织设计、（专项）施工方案、应急救援预案；

（7）审查开复工报审表，签发开工令、工程暂停令和复工令；

（8）组织检查施工单位现场质量、安全生产管理体系的建立及运行情况；

（9）组织审核施工单位的付款申请，签发工程款支付证书，组织审核竣工结算；

（10）组织审查和处理工程变更；

（11）调解建设单位与施工单位的合同争议，处理费用与工期索赔；

（12）组织验收分部工程，组织审查单位工程质量检验资料；

（13）审查施工单位的竣工申请，组织工程竣工预验收，组织编写工程质量评估报告，参与工程竣工验收；

（14）参与或配合工程质量安全事故的调查和处理；

（15）组织编写监理月报、监理工作总结，组织整理监理文件资料。

2. 工程监理部职责

工程监理部负责完成工程监理合同和《建设工程监理规范》中规定的由专业监理工程师、监理员完成的监理工作。

（1）专业监理工程师的职责。根据《建设工程监理规范》，专业监理工程师的具体职责包括：

1）参与编制监理规划，负责编制监理实施细则；

2）审查施工单位提交的涉及本专业的报审文件，并向总监理工程师报告；

3）参与审核分包单位资格；

4）指导、检查监理员工作，定期向总监理工程师报告本专业监理工作实施情况；

5）检查进场的工程材料、设备、构配件的质量；

6）验收检验批、隐蔽工程、分项工程；

7）处置发现的质量问题和安全事故隐患；

8）进行工程计量；

9）参与工程变更的审查和处理；

10）填写监理日志，参与编写监理月报；

11）收集、汇总、参与整理监理文件资料；

12）参与工程竣工预验收和竣工验收。

（2）监理员的职责。根据《建设工程监理规范》，监理员的具体职责包括：

1）检查施工单位投入工程的人力、主要设备的使用及运行状况；

2）见证取样；

3）复核工程计量有关数据；

4）检查和记录工艺过程或施工工序；

5）处置发现的施工作业问题；

6）记录施工现场监理工作情况。

3. 规划设计部职责

规划设计部负责协助建设单位进行工程项目策划以及设计管理工作。工程项目策划包括：项目方案策划、融资策划、项目组织实施策划、项目目标论证及控制策划等。工程设计管理工作包括：协助建设单位组织重大技术问题的论证；组织审查各阶段设计方案；组织设计变更的审核和咨询；协助建设单位组织设计交底和图纸会审会议等。

4. 合同信息部职责

合同信息部协助建设单位组织工程勘察、设计、施工及材料设备的招标工作；协助建设单位进行各类合同管理工作；审核与合同有关的实施方案、变更申请、结算申请；协助建设单位进行提供材料设备的采购管理工作；负责工程项目信息管理工作等。

5. 工程管理部职责

协助建设单位编制工程项目管理计划；协助建设单位办理前期有关报批手续；协助建设单位进行外部协调工作，为工程项目顺利实施创造条件。

三、过程管理工作内容

以工程施工阶段为例，工程监理与项目管理机构在工程施工准备、施工过程及竣工验收阶段的管理工作内容如下。

（一）施工准备阶段工作内容

施工准备阶段管理工作内容见表 4-5。

施工准备阶段管理工作内容 **表 4-5**

工作类别	具体工作内容
投资控制	分析论证工程投资控制目标并分解目标
	分析工程投资目标实现的风险并提出应对策略
	编制工程投资资金使用计划
	设计工程款支付申请审批报表及相关报告式样
进度控制	分析论证工程总进度目标并分解目标
	分析工程总进度目标实现的风险并提出应对策略
	编制工程实施总进度计划
	审核施工单位提交的施工进度计划
	编制工程进度控制工作方案
	设计工程延期申请审批报表及相关报告式样
质量控制	分析工程质量目标实现的风险并提出应对策略
	编制工程质量控制计划
	组织工程设计交底和图纸会审会议
	审核施工单位提交的施工组织设计
	检查施工现场质量管理体系
	检查工程材料、构配件、设备的质量

续表

工作类别	具体工作内容
合同管理	检查、熟悉各类合同内容
	建立合同编码体系及合同管理制度
信息管理	建立工程项目信息编码体系及信息管理制度
	协助建设单位建立会议制度
	建立各种报表和报告制度
	建立信息化管理平台
组织协调	分析工程项目实施的特点及环境，提出工程项目组织协调工作方案
	协助建设单位组织设计评审，准备施工图纸
	协助建设单位协调各方关系

（二）施工过程中的工作内容

施工过程中管理工作内容见表 4-6。

施工过程中管理工作内容 **表 4-6**

工作类别	具体工作内容
投资控制	编制施工过程中资金使用年度、季度、月计划并控制其执行
	进行投资计划值与实际值的动态比较，并进行投资预测分析
	审核施工单位的工程款支付申请
	控制变更工程价款
	审核处理各项施工索赔费用
进度控制	审核单位工程施工进度计划并控制其执行
	审核施工单位提交的年、季、月施工进度计划并控制其执行
	审核施工单位提交的资源供应计划并控制其执行
	进行进度计划值与实际值的动态比较，并进行施工进度预测分析
质量控制	检查工程材料、构配件、设备的质量
	检查施工人员特别是特种操作人员的资格
	审查分包单位的资格
	验收检验批、分项工程、分部工程、隐蔽工程质量
	处理工程质量事故
合同管理	跟踪管理各类合同并提供执行情况报告
	协助建设单位处理费用索赔、工程延期事件
	协助建设单位处理合同变更事宜
信息管理	收集、整理、分析、汇总各类工程信息
	建立和维护信息沟通渠道
	定期向建设单位提供工程项目管理/监理各类报表或报告
	填写项目管理/监理工作日志
组织协调	协调工程参建单位之间的关系
	协助建设单位办理各项审批事宜

（三）竣工验收阶段工作内容

工程竣工验收阶段管理工作内容见表 4-7。

工程竣工验收阶段管理工作内容　　表 4-7

工作类别	具体工作内容
投资控制	审核承包单位的工程结算申请报告
	协助建设单位编制工程竣工决算报告
进度控制	提交各类进度控制报告
质量控制	组织工程预验收
	编写工程质量评估报告
	参加工程竣工验收工作
合同管理	进行合同收尾，协助建设单位处理合同中未尽事宜
信息管理	整理、存档各种工程信息文档资料
	向建设单位移交工程有关文档资料
组织协调	协调工程参建各方的关系

第三节　工程建设全过程集成化管理

工程建设全过程集成化管理是指工程监理单位受建设单位委托，为其提供覆盖工程项目策划决策、建设实施阶段全过程的集成化管理。工程监理单位的服务内容可包括项目策划、设计管理、招标代理、造价咨询、施工过程管理等。

一、全过程集成化管理服务模式

目前在我国工程建设实践中，按照工程项目管理单位与建设单位的结合方式不同，全过程集成化项目管理服务可归纳为咨询式、一体化和植入式三种模式。

（一）咨询式服务模式

在通常情况下，工程项目管理单位派出的项目管理团队置身于建设单位外部，为其提供项目管理咨询服务。此时，项目管理团队具有较强的独立性，如图 4-7 所示。

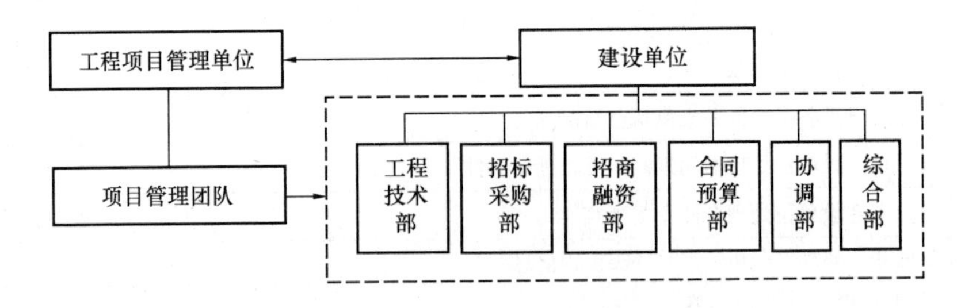

图 4-7　咨询式服务模式

（二）一体化服务模式

工程项目管理单位不设立专门的项目管理团队或设立的项目管理团队中留有少量管理人员，而将大部分项目管理人员分别派到建设单位各职能部门中，与建设单位项目管理人员融合在一起，如图 4-8 所示。

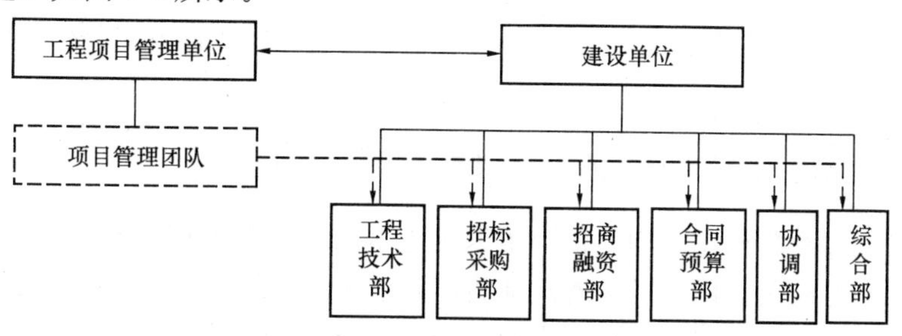

图 4-8　一体化服务模式

（三）植入式服务模式

在建设单位充分信任的前提下，工程项目管理单位设立的项目管理团队直接作为建设单位的职能部门。此时，项目管理团队具有项目管理和职能管理的双重功能，如图 4-9 所示。

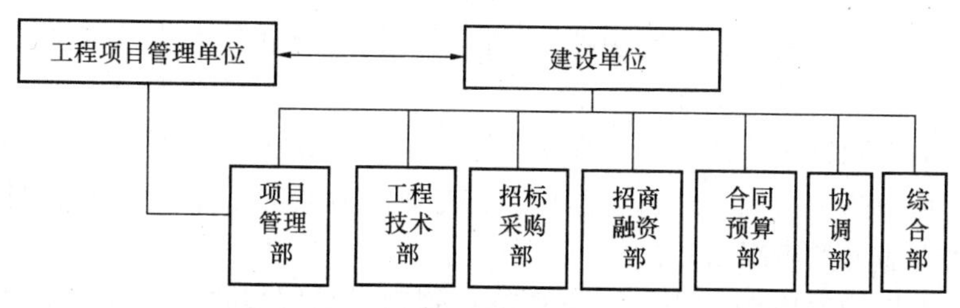

图 4-9　植入式服务模式

需要指出的是，对于属于强制监理范围内的建设工程项目，无论采用何种项目管理服务模式，由具有高水平的专业化单位提供工程监理与项目管理一体化服务是值得提倡的。否则，建设单位既委托项目管理服务，又委托工程监理，而实施单位不是同一家单位时，会造成管理职责重叠，降低工程效率，增加交易成本。

二、全过程集成化管理服务内容

工程项目策划决策与建设实施全过程集成化管理服务可包括以下内容：

（1）协助建设单位进行工程项目策划、投资估算、融资方案设计、可行性研究、专项评估等。

（2）协助建设单位办理土地征用、规划许可等有关手续。

（3）协助建设单位提出工程设计要求、组织工程勘察设计招标；协助建设单位签订工程勘察设计合同，并在其实施过程中履行管理职责。

（4）组织设计单位进行工程设计方案的技术经济分析和优化，审查工程概预算；组织评审工程设计方案。

（5）协助建设单位组织工程监理、施工、材料设备采购招标；协助建设单位签订工程总承包或施工合同、材料设备采购合同，并在其实施过程中履行管理职责。

（6）协助建设单位提出工程实施用款计划，进行工程变更控制，处理工程索赔，结算工程价款。

（7）协助建设单位组织工程竣工验收，办理工程竣工结算，整理、移交工程竣工档案资料。

（8）协助建设单位编制工程竣工决算报告，参与生产试运行及工程保修期管理，组织工程项目后评估。

三、全过程集成化管理服务的重点和难点

工程建设全过程集成化管理是指运用集成化思想，对工程建设全过程进行综合管理。这种“集成”不是有关知识、各个管理部门、各个进展阶段的简单叠加和简单联系，而是以系统工程为基础，实现知识门类的有机融合、各个管理部门的协调整合、各个进展阶段的无缝衔接。

工程建设全过程集成化管理服务更加强调项目策划、范围管理、综合管理，更加需要组织协调、信息沟通，并能切实解决工程技术问题。

作为工程项目管理服务单位，需要注意以下重点和难点：

（1）准确把握建设单位需求。要准确判断建设单位的工程项目管理需求，明确工程项目项目管理的服务范围和内容。这是进行工程项目管理规划、为建设单位提供优质服务、获得用户满意的重要前提和基础。

（2）不断加强项目团队建设。工程项目管理服务主要依靠项目团队。要配备合理的专业人员组成项目团队。结构合理、运作高效、专业能力强、综合素质高的项目团队是高水平工程项目管理服务的组织保障。

（3）充分发挥沟通协调作用。要重视信息管理，采用报告、会议等方式确保信息准确、及时、畅通，使工程各参建单位能够及时得到准确的信息并对信息做出快速反应，形成目标明确、步调一致的协同工作局面。

（4）高度重视技术支持。工程建设全过程集成化管理服务需要更多、更广的工程技术支持。除工程项目管理人员需要加强学习、提高自身水平外，还应组织外部协作专家进行技术咨询。工程项目管理单位应将切实帮助建设单位解决实际技术问题作为首要任务，技术问题的解决也是使建设单位能够直观感受服务价值的重要途径。

第五章　建设工程施工试验与检测

第一节　抽样检验的基本原理和方法

一、抽样检验的基本知识

（一）检验与抽样检验

检验是指用某种方法（技术手段）测量、试验和计量产品的一种或多种质量特性，并将测定结果与判别标准相比较，以判别每个产品或每批产品是否合格的过程。

抽样检验是指从一批产品中抽取适当数量的部分产品作为样本，对样本中的每一件产品进行检验，以此来判别整批产品是否符合标准和能否接收的过程。

虽然只有采用全数检验，才有可能得到100％的合格品，但由于下列原因，还必须采用抽样检验：

（1）破坏性检验，不能采取全数检验方式。例如，为检查钢筋混凝土梁的极限承载力，需要进行破坏性试验，数据虽能得到，但钢筋混凝土梁却被全部破坏。

（2）全数检验有时需要花很大成本，在经济上不一定合算。对于那些检验费用很高、产品本身价值又不大的产品，尤其如此。

（3）检验需要时间，采取全数检验方式有时在时间上不允许。在有些情况下，来不及对一件件产品进行全数检验。

（4）即使进行全数检验，也不一定能绝对保证100％的合格品。实践经验表明，长时间重复性的检验工作会给检验人员带来疲劳，常导致错检、漏检，检验效果并不理想。有时使用大量不熟练的检验人员进行全数检验，也不如使用少量熟练检验人员进行抽样检验的效果好。

（二）检验批

提供检验的一批产品称为检验批，检验批中所包含的单位产品数量称为批量。构成一批的所有单位产品，不应有本质的差别，只能有随机的波动。因此，一个检验批应当由在基本相同条件下，并在大约相同的时期内所制造的同形式、同等级、同种类、同尺寸以及同成分的单位产品所组成。

批量的大小没有规定。一般地，质量不太稳定的产品，以小批量为宜；质量很稳定的产品，批量可以大一些。但不能过大，批量过大，一旦误判，造成的损失也很大。

（三）产品质量的衡量方法

衡量一批产品质量的方法主要有两种：计数方法；计量方法。

1. 衡量产品质量的计数方法

计数方法包括：以批不合格品率为质量指标，也称为计件；以批中每百单位产品的平均不合格数为质量指标，也称为计点。

$$批不合格品率=\frac{批中不合格个数}{批量}\times100\%$$

$$每百单位产品平均不合格数=\frac{批中不合格数}{批量}\times100\%$$

2. 衡量产品质量的计量方法

计量方法包括：以批中单位产品某个质量特性的平均值为质量指标；以批中单位产品某个质量特性的标准差为质量指标等。

二、随机抽样

抽样检验首先碰到的问题是如何抽取样本。要想使样本的数据能够反映总体的全貌，样本必须能够代表总体的质量特性。因此，样本数据的收集应建立在随机抽样的基础上。随机抽样可分为简单随机抽样、系统随机抽样、分层随机抽样和分级随机抽样等。

（一）简单随机抽样

简单随机抽样就是排除人的主观因素，从包含 N 个抽样单元的总体中按不放回抽样抽取 n 个单元，使包含 n 个个体所有可能的组合被抽出的概率都相等（$1/C_N^n$）的一种抽样方法。实践中，常借助于随机数骰子或随机数表进行随机抽样。这种抽样方法广泛用于原材料、构配件的进货检验和分项工程、分部工程、单位工程完工后的检验。

根据《随机数的产生及其在产品质量抽样检验中的应用程序》GB/T 10111—2008，随机数骰子是由均质材料制成的正20面体，在20个面上，0～9数字各出现两次。使用时，根据需要选取 m 个骰子，并规定好每种颜色的骰子各代表的位数。例如，选用红、黄、蓝三种颜色的骰子。规定红色骰子上出现的数字表示百位数，黄色的骰子上出现的数字表示十位数，蓝色骰子上出现的数字表示个位数。并特别规定，m 个骰子上出现的数字均为零时，表示 10^m。

1. 随机抽样程序

将抽样单元或单位产品按自然数从“1”开始顺序编号，然后用获得的随机数对号抽取。

2. 读取随机数的方法

（1）确定骰子个数。根据总体大小或批量 N 选定 m 个骰子，见表5-1。

骰子个数的确定 **表5-1**

批量 N 的范围	骰子个数 m	批量 N 的范围	骰子个数 m
$1\leqslant N\leqslant10$	1	$1001\leqslant N\leqslant10000$	4
$11\leqslant N\leqslant100$	2	$10001\leqslant N\leqslant100000$	5
$101\leqslant N\leqslant1000$	3	$100001\leqslant N\leqslant1000000$	6

当 $N>10^6$ 或骰子丢失、损坏时，可采用重复使用骰子的方法。例如，可用1个骰子摇 m 次来代表 m 个骰子摇1次。规定摇第1次骰子所得数字为随机数的最高位，摇第2次骰子所得数字为随机数的第2位，依此类推。

（2）简单随机抽样时读取随机数的方法。如骰子表示的随机数 $R_0\leqslant N$，则随机数 R

就取 R_0；若 $R_0>N$，则舍弃不用，重摇骰子。重复上述过程，直到取得几个不同的随机数为止。

（二）系统随机抽样

系统随机抽样是将总体中的抽样单元按某种次序排列，在规定的范围内随机抽取一个或一组初始单元，然后按一套规则确定其他样本单元的抽样方法。如第一个样本随机抽取，然后每隔一定时间或空间抽取一个样本。因此，系统随机抽样又称为机械随机抽样。

设批量为 N，从中抽取 n 个，将 N 个产品编上号码 1～N。用记号 $[N/n]$ 表示 N/n 的整数部分。例如，$N=100$，$n=8$，则 $[100/8]=12$。以 $[N/n]$ 为抽样间隔，依照简单随机抽样法在 1 至 $[N/n]$ 之间随机选取一个整数作为样本中第一个单位产品的号码，然后以此号码为基础，每隔 $[N/n]-1$ 个产品抽一个号码。按照这种规则抽取号码，可能抽 n 个，也可能抽（$n+1$）个。后一种情况出现时，可从中任意去掉一个，以得到所需的样本个数。这种抽样方法，称为系统随机抽样。所得到的样本称为系统样本。

在上面的例子中，$[N/n]=12$，如果先抽第 1 号样品，则依次抽取的样品号码为：1、13、25、37、49、61、73、85、97。由于 $n=8$，因此，可从这 9 个号码中任意去掉一个。类似地，如果先抽第 12 号样品，则依次抽取的样品号码为；12、24、36、48、60、72、84、96。

（三）分层随机抽样

分层随机抽样是将总体分割成互不重叠的子总体（层），在每层中独立地按给定的样本量进行简单随机抽样。例如，由不同班组生产的同一种产品组成一个批，在这种情况下，考虑各班组生产的产品质量可能有波动，为了取得有代表性的样本，可将整批产品分成若干层（每个班组生产的产品看作一层）。

在分层抽样中，如果按各层在整批中所占比例进行抽样，则称为分层按比例抽样。设批量为 N，从中抽取 n 个单位产品。将此批产品分为 m 层，各层分别有 N_1，N_2，…，N_m 个单位产品，如按比例分层抽样，则各层抽取的单位产品数依次为 nN_1/N，nN_2/N，…，nN_m/N。例如，批量 N＝1000，其中甲班生产 600 件，乙班生产 400 件，假定 $n=30$，按比例抽样，则应从甲班生产的产品中抽取 18 件，从乙班生产的产品中抽取 12 件，合在一起，即组成 $n=30$ 的样本。

（四）分级随机抽样

分级随机抽样是指第一级抽样从总体中抽取初级抽样单元，以后每一级抽样是在上一级抽样单元中抽取次一级的抽样单元。分级随机抽样一般用于总体很大的情况下，例如，对批量很大的砖进行抽样，就可以按两次抽样来进行。

三、抽样检验的基本原理

（一）一次抽样检验

一次抽样检验是最简单的计数检验方案，通常用（N，n，C）表示。即从批量为 N 的交验产品中随机抽取 n 件进行检验，并且预先规定一个合格判定数 C。如果发现 n 中有 d 件不合格品，当 $d\leqslant C$ 时，则判定该批产品合格；当 $d>C$ 时，则判定该批产品不合格。一次抽样检验程序如图 5-1 所示。

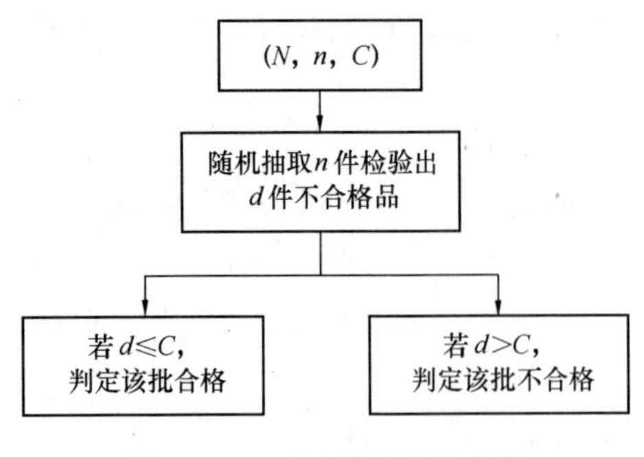

图 5-1　一次抽样检验示意图

（二）二次抽样检验

二次抽样检验也称双次抽样检验。如前所述，一次抽样检验涉及三个参数（N，n，C）。而二次抽样检验则包括五个参数，即：（N，n_1，n_2，C_1，C_2）。其中：

n_1——第一次抽取的样本数；

n_2——第二次抽取的样本数；

C_1——第一次抽取样本时的不合格判定数；

C_2——第二次抽取样本时的不合格判定数。

二次抽样的操作程序：在检验批量为 N 的一批产品中，随机抽取 n_1 件产品进行检验。发现 n_1 中的不合格数为 d_1，则：

（1）若 $d_1 \leqslant C_1$，判定该批产品合格；

（2）若 $d_1 > C_2$，判定该批产品不合格；

（3）若 $C_1 < d_1 \leqslant C_2$，不能判断是否合格，则在同批产品中继续随机抽取 n_2 件产品进行检验。若发现 n_2 中有 d_2 件不合格品，则比较（d_1+d_2）与 C_2 进行如下判断：

1）若 $d_1+d_2 \leqslant C_2$，判定该批产品合格；

2）若 $d_1+d_2 > C_2$，判定该批产品不合格。

二次抽样检验程序如图 5-2 所示。

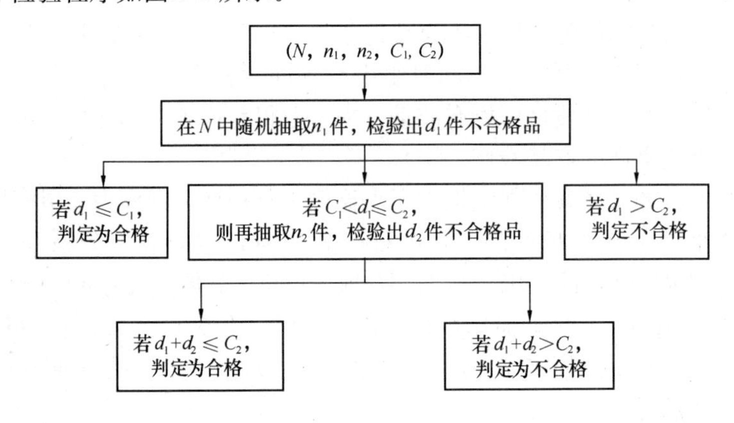

图 5-2　二次抽样检验示意图

例如，当二次抽样方案设为：$N=1000$，$n_1=36$，$n_2=59$，$C_1=0$，$C_2=3$ 时，则需随机抽取第一个样本 $n_1=36$ 件产品进行检验，若所发现的不合格品数 d_1 为零，则判定该批产品合格；若 $d_1>3$，则判定该批产品不合格；若 $0<d_1\leqslant 3$（即在 $n_1=36$ 件产品中发现 1 件、2 件或 3 件不合格），则需继续抽取第二个样本 $n_2=59$ 件产品进行检验，得到 n_2 中不合格品数 d_2。若 $d_1+d_2\leqslant 3$，则判定该批产品合格；若 $d_1+d_2>3$，则判定该批产品不合格。

（三）多次抽样检验

如前所述，二次抽样检验是通过一次抽样或最多两次抽样就必须对检验的一批产品进行合格与否的判断。而多次抽样则允许通过三次以上的抽样最终对一批产品合格与否进行判断。多次抽样方案也规定了最多抽样次数。

四、抽样检验风险

抽样检验是建立在数理统计基础上的，从数理统计的观点看，抽样检验必然存在着两类风险。

（1）第一类风险：弃真错误。即：合格批被判定为不合格批，其概率记为α。此类错误对生产方或供货方不利，故称为生产方风险或供货方风险。

（2）第二类风险：存伪错误。即：不合格批被判定为合格批，其概率记为β。此类错误对用户不利，故称为用户风险。

抽样检验必然存在两类风险，要求通过抽样检验的产品100%合格是不合理也是不可能的，除非产品中根本就不存在不合格品。抽样检验中，两类风险控制的一般范围是：α=1%～5%，β=5%～10%。

第二节　建筑材料的施工试验与检测

一、建筑钢材

钢筋进场时，应按国家相关标准的规定抽取试件进行力学性能和重量偏差检验，检验结果必须符合有关标准的规定。检验方法：检查产品合格证、出厂检验报告和进场复验报告。

（一）钢材出厂合格证

钢材出厂应保证钢材的技术性能指标（力学性能和化学成分）符合相应技术标准要求。钢材出厂合格证应由钢厂质量检验部门提供，内容有：钢厂名称、炉罐号（或批号）、钢种、钢号、强度、级别、规格、重量及件数、生产日期、出厂批号、机械性能检验数据及结论、化学成分检验数据及结论、钢厂质量检验部门印章及标准编号。

（二）钢材主要检验项目及检验报告

凡工程施工图中所配各种受力钢筋及型钢均应有钢材出厂合格证及技术性能检验报告，检验的批量和取样应遵循不同品种钢材的标准。

1. 主要检验项目

包括：拉力试验（屈服点或屈服强度、抗拉强度、伸长率）；冷弯试验；反复弯曲试验。必要时，进行化学分析。

2. 检验报告

钢材检验报告内容包括：委托单位、工程名称、使用部位、钢材级别、钢种、钢号、外形标志、出厂合格证编号、代表数量、送样日期、原始记录编号、报告编号、试验日期、试验数据及结论（伸长率指标应注明标距，冷弯指标应注明弯心半径、弯曲角度及弯曲结果）。

（三）钢筋复验

1. 热轧圆盘条、热轧光圆钢筋、热轧带肋钢筋和余热处理钢筋

复验应符合下列规定：

（1）每批钢筋应由同一牌号、同一炉罐号、同一规格、同一交货状态组成，并不得大

于 60t。

（2）检查每批钢筋的外观质量。钢筋表面不得有裂纹、结疤和折叠；表面的凸块和其他缺陷的深度和高度不得大于所在部位尺寸的允许偏差（带肋钢筋为横肋的高度）；测量本批钢筋的直径偏差。

（3）在经外观检查合格的每批钢筋中任选两根钢筋，在其上各取一套试样，每套试样各制作两根试件，分别作拉伸（含抗拉强度、屈服点、伸长率）和冷弯试验。较高质量热轧带肋钢筋应按规定增加反向弯曲试验项目。

（4）当试样中有一个试验项目不符合要求时，应另取双倍数量的试件对不合格项目进行第二次试验；当仍有一根试件不合格时，则该批钢筋应判定为不合格。

2. 光面钢丝和刻痕钢丝

复验应符合下列规定：

（1）每批钢丝应由同一钢号、同一规格、同一生产工艺的钢丝组成，并不得大于 3t。

（2）钢丝的外观应逐盘检查。钢丝表面不得有裂纹、小刺、机械损伤、氧化铁皮和油迹；表面不得有肉眼可见的麻坑，但允许有浮锈；回火钢丝允许有回火颜色。

（3）力学性能的抽样检验。应从经外观检查合格的每批钢丝中任选总盘数的 5%（不少于 6 盘）取样送检。在选定钢丝盘的两端，各取一套试样，分别进行拉力（含伸长率）和反复弯曲试验。当有一项试验结果不符合规定时，则该盘钢丝判定为不合格，应从未检验过的钢丝盘中取两倍数量的试样，进行不合格项目的复验。当仍有一项试验结果不合格时，则应逐盘检验，剔除其中不合格盘。

（4）屈服强度和松弛试验应由厂方提供质量证明书或试验报告单。

3. 钢绞线

复验应符合下列规定：

（1）每批钢绞线应由同一钢号、同一规格、同一生产工艺的钢绞线组成，并不得大于 60t。

（2）钢绞线应逐盘进行表面质量、直径偏差和捻距的外观检查。

（3）力学性能的抽样检验。应从每批钢绞线中任选 3 盘取样送检。在选定的各盘端部正常部位截取一根试样，进行拉力（整根钢绞线的最大负荷、屈服负荷、伸长率）试验。当试验结果有一项不合格时，除该盘应判定为不合格外，应从未试验过的钢绞线盘中取双倍数量的试样进行复验。当仍有一项不合格时，则该批钢绞线应判定为不合格。

（4）屈服强度和松弛试验应由厂方提供质量证明书或试验报告单。

4. 热处理钢筋

复验应符合下列规定：

（1）每批热处理钢筋应由同一外形截面尺寸、同一热处理工艺和同一炉罐号的钢筋组成，并不得大于 6t。

（2）钢筋表面不得有肉眼可见的裂纹、结疤和折叠，表面允许有凸块，但不得超过横肋的高度；表面不得沾有油污。

（3）力学性能的抽样检验。应从每批钢筋中任选总盘数的 10%（不少于 6 盘）取样送检。当试验结果有一项不合格时，除该盘应判定为不合格外，应再从未检验过的钢筋中取双倍数量的试样进行不合格项目复验。当仍有一项不合格时，则该批钢筋应判定为不合格。

(4) 松弛性能可根据需方要求，由厂（供）方提供试验报告单。

(四) 钢材不合格品的判定

钢材出现下列情形，应判定为不合格品：

(1) 当受力钢筋无出厂合格证或试验报告，且钢材品种、规格和设计图纸中的品种、规格不一致。

(2) 机械性能检验项目不齐全，或某一机械性能指标不符合有关标准规定。

(3) 使用进口钢材和改制钢材时，焊接前未进行化学成分检验和焊接试验。

(4) 对主要的受力钢材，发现有“先隐蔽、后检验”的现象；钢材出厂合格证和试验报告单不符合有关标准规定的基本要求。

二、水泥

水泥进场时，应对其品种、级别、包装或散装仓号、出厂日期等进行检查，并应对其强度、安定性及其他必要的性能指标进行复验，检验结果必须符合有关标准的规定。检验方法：检查产品合格证、出厂检验报告和进场复验报告。

(一) 水泥出厂合格证书

出厂水泥应保证强度等级，其余品质（主要技术性能指标）应符合相应标准要求。出厂的水泥袋上应清楚标明：生产厂家名称，生产许可证编号，品种名称，代号，强度等级，包装年、月、日和编号。散装时，应提交与袋装标志内容相同的卡片。

水泥出厂应有水泥生产厂家的出厂合格证书，内容包括：生产厂家、品种、出厂日期、出厂编号和必要的试验数据，其中包括相应水泥指标规定的各项技术要求及试验结果。

(二) 废品与不合格品

(1) 凡水泥中氧化镁、三氧化硫、初凝时间、安定性中的任一项不符合相应产品标准规定时，均为废品。

(2) 凡水泥的细度、终凝时间、不溶物和烧失量中的任一项不符合相应产品标准规定或混合材料掺加量超过最高限量或强度低于商品强度等级时，为不合格品。

(3) 水泥包装标志中水泥品种、强度等级、生产厂家名称和出厂编号不全的，属于不合格品。

(三) 水泥复验

根据《混凝土结构工程施工质量验收规范》（GB 50204—2002），水泥进场时，应对其强度、安定性及其他必要的性能指标进行复验。当在使用中对水泥质量有怀疑或水泥出厂超过三个月（快硬硅酸盐水泥超过一个月）时，应进行复验。

根据水泥标准规定，水泥生产厂家在水泥出厂时已提供标准规定的有关技术要求的试验结果。水泥进场复验通常只做安定性、凝结时间和胶砂强度三项。

水泥安定性或初凝时间不符合相应标准规定时均为废品；强度低于标准相应强度等级规定指标时为不合格品。对于强度低于相应标准的不合格品水泥，可按实际复验结果降级使用；对于废品水泥，则不准用于工程。

三、混凝土常用外加剂

在混凝土拌制过程中，为改善混凝土性能而掺入的物质，称为混凝土外加剂。常用的混凝土外加剂有：高性能减水剂、泵送剂、高效减水剂、缓凝高效减水剂、普通减水剂、早强减水剂、缓凝减水剂、引气减水剂、早强剂、缓凝剂及引气剂等。

混凝土中掺用外加剂的质量及应用技术应符合国家有关标准及环境保护的要求。混凝土外加剂主要技术性能指标分为掺外加剂混凝土性能和外加剂匀质性两部分。混凝土性能指标包括：减水率、泌水率比、含气量、凝结时间差、抗压强度比、收缩率比、相对耐久性。匀质性指标包括：固体含量、含水率、密度、细度、pH 值、氯离子含量、硫酸根含量、总碱量。检验方法：检查产品合格证、出厂检验报告和进场复验报告。

（一）出厂合格证及检验报告

产品有下列情况之一的，不得出厂：技术文件（产品说明书、合格证、检验报告）不全，包装不符，质量不足，产品受潮变质以及超过有效期限。

生产厂家应随货提供技术文件，其内容包括：产品名称及型号、出厂日期、特性及主要成分、适用范围及推荐掺量、外加剂总碱量、氯离子含量、有无毒性、易燃状况、储存条件及有效期、使用方法及注意事项。

（二）复验

复验以封存样进行。如使用单位要求现场取样，应事先在供货合同中规定，并在生产和使用单位人员在场的情况下于现场取混合样，按照型式检验项目进行复验。

产品经检验，匀质性检验结果符合相应要求，各种类型外加剂受检混凝土性能指标中，高性能减水剂及泵送剂的减水率和坍落度的经时变化，其他减水剂的减水率、缓凝型外加剂的凝结时间差、引气型外加剂的含气量、硬化混凝土的各项性能符合相应要求，则判定该批外加剂为相应等级的产品。如果不符合上述要求，则判定该批外加剂不合格。其余项目作为参考。

第三节　地基基础工程施工试验与检测

一、地基土的质量检验及要求

（一）换填垫层法的质量检验

根据《建筑地基处理技术规范》JGJ 79—2002 规定：

（1）对粉质黏土、灰土、粉煤灰和砂石垫层的施工质量，可用环刀法、贯入仪、静力触探、轻型动力触探或标准贯入试验检验；对砂石、矿渣垫层可用重型动力触探检验。并均应通过现场试验以设计压实系数所对应的贯入度为标准检验垫层的施工质量。压实系数也可采用环刀法、灌砂法、灌水法或其他方法检验。

（2）垫层的质量检验必须分层进行，每夯压完一层，应检验该层的平均压实系数。当压实系数符合设计要求后，才能铺填上层。

（3）当采用环刀法检验垫层的施工质量时，取样点应位于每层厚度的 2/3 深度处。检验点数量：对大基坑每 50～100m^2 应不少于 1 个检验点；对基槽每 10～20m 应不少于 1

个检验点；每个单独柱基应不少于 1 个检验点。采用贯入仪或动力触探检验垫层的质量时，每分层检验点的间距应小于 4m。

(4) 竣工验收采用荷载试验检验垫层承载力时，每个单体工程不宜少于 3 个检验点；对于大型工程，则应按单体工程的数量或工程的面积确定检验点数。

(二) 填土工程的质量要求

填方、柱基、基坑、基槽和管沟回填，必须按规定分层夯压密实。取样测定压实以后的干土质量密度，其合格率不应小于 90%，不合格干土质量密度的最低值与设计值的差不应大于 0.08g/cm³，且不应集中。

二、地基土的物理性质试验和检测方法

(一) 地基土最佳含水量时的最大干密度测定

土作为填筑地基材料，需要在模拟现场施工条件下，获得地基土压实的最大干密度和相应的最佳含水量。击实试验就是利用标准化的击实仪器，测试土的密度和相应含水量的关系，因此，击实试验是控制地基压实质量不可缺少的重要试验项目。

击实试验方法分两种，即：轻型击实法和重型击实法，见表 5-2。

击实试验方法　　表 5-2

试验方法	类别	锤底直径 (cm)	锤重量 (kg)	落高 (cm)	试筒尺寸			层数	每层击数	击实功 (kJ/m²)	最大粒径 (mm)
					内径 (cm)	高 (cm)	容积 (cm³)				
轻型Ⅰ法	Ⅰ1	5	2.5	30	10	12.7	997	3	27	598.2	25
	Ⅰ2	5	2.5	30	15.2	12	2177	3	59	598.2	38
重型Ⅱ法	Ⅱ1	5	4.5	45	10	12.7	997	5	27	2687.0	25
	Ⅱ2	5	4.5	45	15.2	12	2177	3	98	2677.2	38

1. 计算击实后各点的干密度

击实后各点的干密度 ρ_d 按下式计算，见式 (5-1)：

$$\rho_d = \frac{\rho_0}{1 + 0.01\omega_0} \tag{5-1}$$

式中　ρ_0——击实后土的湿密度 (g/cm³)；

ω_0——击实后土的含水量 (%)。

以干密度为纵坐标，含水量为横坐标，绘制干密度与含水量的 $\rho_d \sim \omega$ 关系曲线，曲线上峰值点的纵、横坐标分别表示土的最大干密度和最佳含水量，如图 5-3 所示。如果曲线不能表示出准确峰值点，应进行补点。

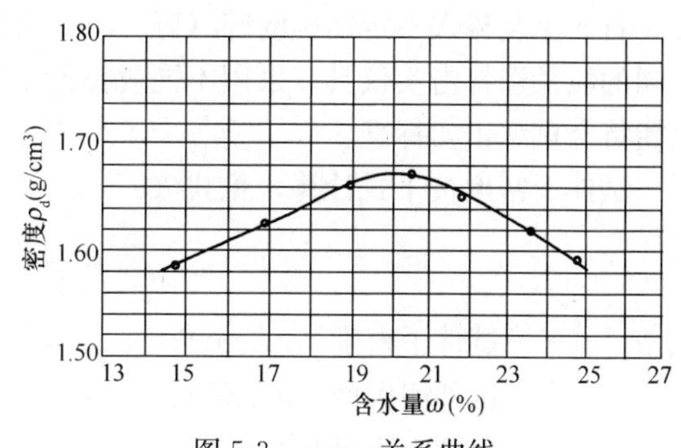

图 5-3　$\rho_d \sim \omega$ 关系曲线

2. 校正最大干密度及最佳含水量

当试样中粒径大于 5mm 的土质量小于或等于试样总质量的 30%时，需要校

正最大干密度及最佳含水量。

(1) 最大干密度按下式计算，见式 (5-2)：

$$\rho'_{dmax}=\frac{1}{\frac{1-P_5}{\rho_{dmax}}+\frac{P_5}{\rho_\omega G_{s2}}} \tag{5-2}$$

式中 ρ'_{dmax}——校正后土的最大干密度（g/cm³）；

ρ_{dmax}——粒径小于 5mm 的土样试验所得的最大干密度（g/cm³）；

ρ_ω——水的密度 g/cm³；

G_{s2}——粒径大于 5mm 粒料的饱和面干相对密度（g/cm³）；

P_5——粒径大于 5mm 粒料含量占总土质量的百分数（%）。

(2) 最佳含水量按下式计算，见式 (5-3)：

$$\omega'_{opt}=\omega_{opt}(1-P_5)+P_5\omega_{ab} \tag{5-3}$$

式中 ω'_{opt}——校正后的最佳含水量（%）；

ω_{opt}——用粒径小于 5mm 的土样试验所得的最佳含水量（%）；

ω_{ab}——粒径大于 5mm 粒料的吸着含水量（%）。

(二) 土的含水量试验

土的含水量是土在 105～110℃下烘至恒定质量时所失去的水分质量与达到恒定质量后干土质量的比值，以百分数表示。

土的含水量试验应以烘干法为室内试验的标准方法。在工地如无烘箱设备或要求快速测定含水率时，可依土的性质和工程情况分别采用酒精燃烧法、红外线照射法、炒干法、实容积法、微波加热法、碳化钙气压法等。

含水量按下式计算，见式 (5-4)：

$$\omega_0=\left(\frac{m_0}{m_d}-1\right)\times 100 \tag{5-4}$$

式中 ω_0——含水量（%）；

m_0——湿土质量（g）；

m_d——干土质量（g）。

(三) 石灰土及石灰类混合料最大干密度和最佳成型含水量的测定

石灰稳定类材料压得愈密实，其强度愈高，但要碾压到要求的密度，除应有一定的碾压机械效能外，石灰类混合料中需要有适当的含水量，过湿、过干均不能达到要求的密度。石灰土及掺入一定比例的碎（砾）石，天然砂砾或工业废渣等石灰类混合料，并按其不同的粒径选择击实仪具。采用不同规格的击实仪具进行击实试验，所获得的击实功基本上能符合重型击实标准。

试件干密度按下式计算，见式 (5-5)：

$$\rho_d=\frac{\rho_0}{1+0.01\omega_0} \tag{5-5}$$

式中 ρ_d——试件干密度（g/cm³）；

ρ_0——试件湿密度（g/cm³）；

ω_0——试件含水量（%）。

(四) 压实度试验

压实度是指土、石灰土、沥青碎（砾）石、沥青混凝土等经过压（夯、震）实后的干密度与最大干密度之比值，也叫相对密度。

施工现场测定土料、无机结合料、砂砾混合料及沥青混合料等的压实度，一般有环刀法、灌砂法、直接称量法、蜡封称量法、取土器法和水袋法等。这里主要介绍环刀法、灌砂法。

1. 环刀法

一般黏性土，多采用环刀法。适用于建筑物、构筑物、土路基、基坑填土、房心、沟槽回填土等的压（夯、震）实度测定。

（1）湿密度按下式计算，见式（5-6）：

$$\rho_0 = \frac{m_1 - m_2}{V} \tag{5-6}$$

式中 ρ_0——湿密度（g/cm³）；

m_1——环刀＋湿土质量（g）；

m_2——环刀质量（g）；

V——环刀内体积（cm³）。

（2）干密度按下式计算，见式（5-7）：

$$\rho_d = \frac{\rho_0}{1 + 0.01\omega_0} \tag{5-7}$$

式中 ρ_d——干密度（g/ cm³）；

ρ_0——湿密度（g/ cm³）；

ω_0——含水量（%）。

2. 灌砂法

在现场条件下，对于粗料，采用灌砂法测定其密度。适用于砂石基层、碎（砾）石基层、沥青结合料基层和面层等。

（1）试样密度按下式计算，见式（5-8）：

$$\rho_0 = m_p \times \frac{\rho_N}{m_S} \tag{5-8}$$

式中 m_p——取自试坑内的试样质量（g）；

m_s——注满试坑所用标准砂质量（g）。

（2）试样干密度按下式计算，见式（5-9）：

$$\rho_d = \frac{\rho_0}{1 + 0.01\omega_0} \tag{5-9}$$

式中 ω_0——含水量（%）。

三、地基土承载力试验

地基土承载力试验用于确定岩土的承载力和变形特性等，包括：承载力试验；现场浸水承载力试验；黄土湿陷性试验；膨胀土现场浸水承载力试验等。

(一) 地基土承载力试验

地基土承载力试验用于确定地基土的承载力。根据《建筑地基基础设计规范》GB

50007—2002，地基土载荷试验要点如下：

（1）试验基坑宽度不应小于承压板宽度或直径的3倍。应保持试验土层的原状结构和天然湿度。宜在拟试压表面用粗砂或中砂层找平，其厚度不超过20mm。

（2）加荷分级不应少于8级。最大加载量不应小于设计要求的两倍。

（3）每级加载后，按间隔10min、10min、10min、15min、15min，以后为每隔半小时测读一次沉降量。当在连续两小时内，每小时的沉降量小于0.1mm时，则认为已趋稳定，可加下一级荷载。

（4）当出现下列情况之一时，即可终止加载：

1）承压板周围的土明显地侧向挤出；

2）沉降S急骤增大，荷载～沉降（P～S）曲线出现陡降段；

3）在某一荷载下，24h内沉降速率不能达到稳定；

4）沉降量与承压板宽度或直径之比大于或等于0.06。

当满足前三种情况之一时，其对应的前一级荷载定为极限荷载。

（5）承载力特征值的确定：

1）当P～S曲线上有比例界限时，取该比例界限所对应的荷载值；

2）当极限荷载小于对应比例界限的荷载值的2倍时，取荷载极限值的一半；

3）当不能按上述方法确定时，压板面积为0.25～0.50m^2时，可取沉降量与承压板宽度或直径之比S/b=0.01～0.015所对应的荷载值；但其值不应大于最大加载量的一半。

（6）同一土层参加统计的试验点不应少于3点，当试验实测值的极差不超过其平均值的30%时，取此平均值作为地基承载力特征值。

（二）现场试坑浸水试验

现场试坑浸水试验用于确定地基土的承载力和浸水时的膨胀变形量。根据《膨胀土地区建筑技术规范》GBJ 112—1987，试验要点如下：

（1）承压板面积不应小于0.5 m^2。

（2）分级加荷至设计荷载，当土的天然含水量大于或等于塑限含水量时，每级荷载可按25kPa增加；当土的天然含水量小于塑限含水量时，每级荷载可按50kPa增加。每组荷载施加后，应按0.5h、1h各观察沉降量一次，以后每隔1h或更长时间观察一次，直到沉降达到相对稳定后再加下一级荷载。

（3）连续2h的沉降量不大于0.1mm时，即可认为沉降稳定。

（4）浸水水面不应高于承压板底面，浸水期间每3天或3天以上观察一次膨胀变形。连续两个观察周期内，其变形量不应大于0.1mm/3d，浸水时间不应少于两周。

（5）浸水膨胀变形达到相对稳定后，应停止浸水按规定继续加荷直至达到破坏。

（6）应取破坏荷载的一半作为地基土承载力的基本值。

（三）黄土湿陷性试验

黄土湿陷性试验用于测定湿陷起始压力、自重湿陷量、湿陷系数等。可采用室内压缩试验、载荷试验、试坑浸水试验。根据《湿陷性黄土地区建筑规范》GB 50025—2004，载荷试验测定湿陷起始压力的要点如下：

（1）双线法载荷试验：在场地内相邻位置的同一标高处，做2个载荷试验，其中一个在天然湿度的土层上进行；另一个在浸水饱和的土层上进行。

（2）单线法载荷试验：在场地内相邻位置的同一标高处，至少做3个不同压力下的浸水载荷试验。

（3）饱水法载荷试验：在浸水饱和的土层上做一个载荷试验。

（四）岩基承载力试验

岩基承载力试验用于确定岩基作为天然地基或桩基础持力层时的承载力。根据《建筑地基基础设计规范》GB 50007—2011，岩土载荷试验要点如下：

（1）采用圆形刚性承压板，直径为300mm。当岩石埋藏深度较大时，可采用钢筋混凝土桩，但桩周需采取措施以消除桩身与土之间的摩擦力。

（2）测量系统的初始稳定读数观测：加压前，每隔10min读数一次，连续三次读数不变可开始试验。

（3）加载方式：单循环加载，荷载逐级递增直到破坏，然后分级卸载。

（4）荷载分级，第一级加载值为预估设计荷载的1/5，以后每级为1/10。

（5）沉降量测读：加载后立即读数，以后每10min读数一次。

（6）稳定标准：连续三次读数之差均不大于0.01mm。

（7）终止加载条件：当出现下述现象之一时，即可终止加载：

1）沉降量读数不断变化，在24h内，沉降速率有增大的趋势；

2）压力加不上或勉强加上而不能保持稳定。

注：若限于加载能力，荷载也应增加到不少于设计要求的两倍。

（8）卸载观测：每级卸载为加载时的两倍，如为奇数，第一级可为三倍。每级卸载后，隔10min测读一次，测读三次后可卸下一级荷载。全部卸载后，当测读到半小时回弹量小于0.01mm时，即认为稳定。

（9）岩石地基承载力的确定：

1）对应于$P \sim S$曲线上起始直线段的终点为比例界限。符合终止加载条件的前一级荷载即为极限荷载。将极限荷载除以3的安全系数，所得值与对应于比例界限的荷载相比较，取小值；

2）每个场地载荷试验的数量不应小于3点，取最小值作为岩石地基承载力特征值；

3）岩石地基承载力不进行深宽修正。

（五）袖珍型土壤贯入仪试验

袖珍型土壤贯入仪是一种微型静力触探工具，利用对贯入阻力的快速测定，确定地基土的容许承载力及相关的力学指标。根据《建筑地基基础设计规范》GB 50007—2011、《袖珍贯入仪试验规程》CECS54：93，贯入操作要点如下：

（1）微型贯入仪，一般采用弹簧顶杆机构，设置的贯入阻力较小（一般为20～40N），测定前应根据土层的软硬程度，选择能满足测试范围的适宜规格。

（2）测试前，应将贯入仪探头拧下来，用布擦干净后，再接回去拧紧上平。每测一次都应清理一下探头上的泥土，以免探头滑动时，将泥土带入套管内。贯入前，应将刻度归零。

（3）五指平握贯入仪的套管，将探头垂直压入土层中。施力要均匀缓慢，贯入速度1mm/s，连续贯入至规定的贯入深度（一般为10～20mm）。

微型贯入仪贯入深度较小，贯入时眼睛要不停地注视，当贯入深度刚没到土面时，立即停止贯入。但不可突然松手应逐步放松，以免弹力太大，影响数值的准确。在刻度杆直接读取测试结果（贯入阻力 P）。

(4) 用上述方法，在同一试件上取 4～5 点，分别测出相应值 P 后，求出平均值 P（注意探头的清理和刻度杆的归零）。

现场测试应尽量避免在砾石和裂隙处贯入。

四、桩基静承载力试验

桩基静承载力试验包括单桩静承载力试验和单桩动测试验。桩基应进行承载力和完整性检测。

（一）单桩静承载力试验

桩的静承载力试验，一般与试桩同时进行，在同一条件下，试桩数不宜少于总桩数的1%，并不应少于 2 根，工程总桩数 50 根以下不少于 2 根。试验内容有：单桩垂直静承载力试验、单桩抗拔承载力试验、单桂浸水静承载力试验和单桩水平静承载力试验等。

1. 单桩垂直静承载力试验

其目的是为求得单桩承载力特征值 R_k。单桩垂直静承载力试验设备与地基土现场承载力试验一样，包括加荷与稳压系统、测量系统和反力系统。加载反力装置有压重平台、锚桩横梁和锚桩压重联合反力装置等，可依工程实际条件选用。

2. 单桩抗拔承载力试验

抗拔力作用下桩的破坏有两种形式，一是地基变形带动周围土体被拔出；二是桩身强度不够，桩身被拉裂或拉断。抗拔承载力试验方法与压极试验相同，只是施加荷载力的方向相反。

3. 单桩浸水静承载力试验

其目的是确定湿陷性黄土场地上单桩容许承载力，宜按现场浸水静承载力试验并结合地区建筑经验确定。

4. 单桩水平静承载力试验

其目的是采用接近于单桩实际工作条件的试验方法，来确定单桩的水平承载力和地基土的水平抗力系数，并可测得桩身应力变化情况，求得桩身弯矩分布图。

5. 单桩静承载力试验步骤：

(1) 结合实际条件和试验内容，选定试验设备；

(2) 规定承载力试验条件，一般应通过试桩进行验证后再修订试验条件；

(3) 加荷与卸荷；

(4) 资料整理：试验原始记录表、试验概况、绘制有关曲线等；

(5) 成果分析与应用：单桩极限承载力 P_u 的确定；单桩承载力特征值 P_k 的确定，$P_k=P_u/K$，K 为安全系数，通常取 2，并求出桩侧平均极限摩阻力和极限端承力等。

（二）单桩动测试验

采用各种动测方法求得单桩承载力及检验桩的质量是一种简便经济的方法。但由于动测的可靠程度受设备、操作、环境等影响，因此，在采用各种动测法时，应遵循下列原则：应做足够数量的动静对比试验，以检验方法本身的准确程度（误差在一定范围内），并确定相应的计算参数或修正系数；试验本身可重复；系非破损试验；方法简便快捷。

因各种动测法本身有一定的测试误差，因此，试桩数量不宜少于总桩数的 20%，并不少于 4 根。

目前，根据桩基激振后桩土的相对位移或桩身所产生的应变量不同，国内已用于工程检验的动测法分为高应变和低应变两大类。

1. 高应变动测

高应变动测是指采用锤冲击桩顶，使桩周土产生塑性变形，实测桩顶附近所受力和速度随时间变化的规律，通过应力波理论分析得到桩土体系的有关参数。

（1）检测数量。在地质条件相近、桩型和施工条件相同时，不宜少于总桩数 2%，并不应少于 5 根。对于一柱一桩的建筑物、构筑物，应全部进行完整性检测；对于非一柱一桩的建筑物、构筑物，当工程地质条件复杂或对桩基施工质量有疑问时，应增加试桩数量。

（2）检测方法：

1）检测前必须检查仪器的使用状态。每年应由国家法定计量单位进行标定，精度要达 2%以上。

试验用锤击必须具备足够的锤击能量。

2）对需进行检测的混凝土灌注桩，桩身混凝土强度满足大于等于 28 天的强度，桩顶必须处理，要凿除顶部强度较低的混凝土，将桩接长至地坪以上 1.5～2 倍桩径处，所有主筋均需接至桩顶保护层以下并对桩顶进行加强保护，桩顶混凝土强度≥C30。同时在锤与桩顶之间设置有效垫层。

3）在桩身两侧对称安装两只加速传感器和应变传感器。他们与桩顶之间的距离应≥1.5 倍桩径。在进行高应变动测时，必须同时量测每次锤击下桩的最终贯入度。为使桩用土产生塑性变形，单击贯入度不宜小于 2.0mm。应力和加速度必须随时间连续测定和采样。在检测过程中，要不断比较桩身材料实测阻抗与理论阻抗的关系，锤击时实测力与速度峰值应成正比，如果不符，应立即停锤检查。高应变试验应采用实测曲线拟合分析确定 CASE 阻尼系数值，拟合计算桩数不宜少于试桩总数 30%并不少于 5 根。

4）结果评定：①应力不应有负值；②应力和速度的尾部应归零；③一般情况下 t_1－t_2 时间段（速度曲线）在 $F(t)$（力曲线）的下方；④信号前沿，$Z \cdot V(t)$ 和 $F(t)$ 曲线基本重合，且共同达到峰值；⑤FMX（最大打击力）与 FHM（根据锤击动量估算的最大打击力）接近；⑥最大的动位移超过 2～5mm；⑦信号无交流震荡干扰；⑧桩底反射明显；⑨信号不削顶；⑩用拟合法时，计算与实测的锤击数（贯入度）接近，且拟合曲线完成或拟合系数值：灌注桩不宜大于 5%，预制桩不宜大于 3%。

2. 低应变动测

低应变动测主要采用弹性波反射法，对各类灌注桩进行质量普查，检查桩身完整性，是否有断桩、夹泥、离析、缩颈等缺陷存在并基本定位。对钢筋混凝土预制桩、预应力混凝土桩、钢管桩等桩，主要用于检查桩身完整性。

（1）检测数量。采用随机采样的方式抽检，动测桩数不应少于总桩数的 30%，且不得少于 10 根，对于独立承台形式的桩基础工程，必须增加检测比例直到 100%检测。

动测后不合格的桩比例过高时（占抽检总数 5%以上），宜以相同的百分比进行扩大抽检，设计单位认为需要时，可扩大到普检。

对同一工程中同一批桩中有疑义的桩，宜采用多种方法同时进行检测，并进行综合分析。

(2) 检测方法。检测前，先进行截桩处理至设计标高，凿去疏松部分后用砂轮磨平，安装传感器、放大器、数据采集装置、记录显示器（目前常用的 PIT 动测仪已一体化）。然后在桩顶施加冲击力产生应力波，应力波沿桩身传播至桩底或遇界面产生反射信号，再由传感器接收，经分析计算，产生检测结论。

(3) 结果评定：

1) 根据时域波形，比较入射波与反射波到达时刻及其振幅、相位、频率等特征，进行判断和计算；而波阻抗 $Z=\rho VA$，ρ 为密度、V 为速度、A 为截面积。显然，波阻抗的差异主要来源于密度、面积的变化。当桩的密度变化大时，就可能存在着混凝土的疏松、夹泥、离析等；面积变化大时，就可能存在扩颈、缩颈、裂缝、断柱等。波阻抗差异越大，反射信号就越强烈。

2) 完整性良好的单桩具有下列特征：

① 桩底反射明显，无缺陷反射波存在（需要说明，无桩底反射的不一定是坏桩，有桩底反射的一定是好桩）；

② 波形规则，波列清晰，完整桩之间波形特征相似；

③ 桩身混凝土平均波速较高。

3) 完整性存在缺陷的桩具有下列特征：

① 桩的界面反射明显，反射信号到达要小于桩底反射时刻；

② 波形受到干涉，波的振幅、相位、频率相对正常桩的波形出现异常，缺陷严重时，易形成多次反射，振幅较大。

4) 低应变动测桩身质量评定等级宜分为四类：

① 无缺陷的完整桩；

② 有轻度缺陷，但基本不影响原设计桩身结构强度的桩；

③ 有明显缺陷，影响原设计桩身结构强度的桩（可部分利用或降级使用）；

④ 有严重缺陷的桩（废桩）。

第四节　混凝土结构工程施工试验与检测

一、普通混凝土拌和物性能试验

普通混凝土拌和物性能试验包括混凝土拌合物和易性的检验和评定、混凝土拌合物泌水性试验、混凝土拌合物凝结时间测定和混凝土拌合物堆积密度测定、混凝土拌合物均匀系数试验、混凝土拌合物捣实因数试验、混凝土拌合物含气量测定和混凝土拌合物水灰比分析等。这里主要介绍混凝土拌和物和易性的检验与评定。

表示混凝土拌和物的施工操作难易程度和抵抗离析作用的性质称为和易性。通常采用测定混凝土拌合物的流动性，辅以直观经验评定黏聚性和保水性，来确定和易性。测定混凝土拌合物的流动性，应按《普通混凝土拌合物性能试验方法标准》GB/T 50080—2002 进行。流动性大小用“坍落度”或“维勃稠度”指标表示。

（一）坍落度测定

本试验主要适用于骨料最大粒径不大于 40mm、坍落度值不小于 10mm 的混凝土拌合物稠度测定。

1. 试验设备

试验设备由坍落度筒、金属捣棒、铁板、钢尺和直尺、小铁铲和抹刀等组成。

2. 试验程序

（1）用水湿润坍落度筒及其他用具，并将坍落度筒放在已准备好的刚性水平 600mm×600mm 的铁板上，用脚踩住两边的脚踏板，使坍落度筒在装料时保持在固定位置。

（2）将按要求取得的混凝土试样用小铲分三层均匀的装入筒内，使捣实后每层高度为筒高的 1/3 左右。每层用捣棒沿螺旋方向由外向中心插捣 25 次，各次插捣应在截面上均匀分布。插捣筒边混凝土时，捣棒可以稍稍倾斜。插捣底层时，捣棒应贯穿整个深度，插捣第二层和顶层时，捣棒应插透本层至下层的表面。插捣顶层过程中，如混凝土沉落到低于筒口，则应随时添加，捣完后刮去多余的混凝土，并用抹刀抹平。

（3）清除筒边底板上的混凝土后，垂直平稳地在 5～10s 内提起坍落度筒。从开始装料到提坍落度筒的整个过程应不间断地进行，并应在 150s 内完成。

（4）提起坍落度筒，测量筒高与坍落后混凝土试体最高点之间的高度差，即为混凝土拌合物的坍落度值。坍落度筒提高后，如混凝土发生崩坍成一边剪坏现象，则应重新取样另行测定。如第二次试验仍出现上述现象，则表示该混凝土和易性不好，应予记录备查。

（5）观察坍落后混凝土拌合物试体的黏聚性和保水性：用捣棒在已坍落的混凝土拌合物截锥体侧面轻轻敲打，如果截锥试体逐渐下沉（或保持原状），则表示黏聚住良好；如果倒坍、部分崩裂或出现离析现象，表示黏聚性不好。坍落度筒提起后，如有较多稀浆从底部析出，锥体部分的混凝土拌合也因失浆而骨料外露，则表明其保水性能不好；如坍落度筒提起后无稀浆或仅有少量稀浆自底部析出，则表示其保水性能良好。

3. 综合评定和易性

坍落度值小，说明混凝土拌合物的流动性小。若流动性小，会给施工带来不便，影响工程质量，甚至造成工程事故；坍落度过大，又易使混凝土拌合物分层，造成上下不均。混凝土拌合物坍落度以 mm 表示，精确至 5mm。

（二）维勃稠度测定

本试验适用于骨料最大粒径不大于 40mm、维勃稠度在 5～30s 之间的混凝土拌合物稠度测定。

1. 试验设备

试验设备由维勃稠度仪和捣棒组成。维勃稠度仪又由振动台、容器、坍落度筒和旋转架组成。

2. 试验程序

（1）将维勃稠度仪放置在坚实水平的地面上，用湿布将容器、坍落度筒、喂料斗内壁及其他用具湿润。

（2）将喂料斗提到坍落度筒上方扣紧，校正容器位置，使其中心与喂料斗中心重合，然后拧紧固定螺丝。

（3）将按要求取得的混凝土试样用小铲分三层，经喂料斗均匀地装入筒内，装料及插捣方法应符合要求（与坍落度测定装料方法相同）。

（4）将喂料斗转离，垂直地提起坍落度筒，此时应注意不使混凝土拌合物试体产生横向扭动。

（5）将透明圆盘转到混凝土圆台体顶面，放松测杆螺丝，降下圆盘，使其轻轻接触到混凝土顶面。

（6）拧紧定位螺丝，并检查测杆螺丝是否已完全放松。

（7）在开启振动台的同时用秒表计时，当振动到透明圆盘的底面被水泥浆布满的瞬间停表计时，并关闭振动台。

3. 试验结果

由秒表读出的时间秒（s）即为该混凝土拌和物的维勃稠度值。

二、普通混凝土物理力学性能试验

普通混凝土的主要物理力学性能包括抗压强度、抗拉强度、抗折强度、握裹强度、疲劳强度、静力受压弹性模量、收缩和徐变等。这里仅介绍抗压强度试验方法。

（一）普通混凝土立方体抗压强度试验方法

1. 试验设备

（1）压力试验机：示值的相对误差不应大于±2%，其量程应能使试件的预期破坏荷载值不小于全里程的20%，也不大于全量程的80%。

（2）试模：150mm×150mm×150mm、100mm×100mm×100mm 或 200mm×200mm×200mm。

（3）钢尺：量程 30mm，最小刻度 1mm。

2. 试件制作与养护

试件用150mm×150mm×150m的试模，在混凝土浇筑地点，随机取样，三个试件为一组。成型后覆盖表面，在温度为(20± 5)℃的情况下，静置1～2昼夜。然后，编号拆模后立即放入温度为(20±3)℃，湿度90%以上（或水中）的标准养护室中养护。同条件试块拆模、编号后与结构（构件）同条件养护。

3. 试验步骤

（1）混凝土立方体抗压强度以150mm×150mm×150mm试件为标准，也可采用200mm×200mm×200mm试件。当骨料粒径较小时，也可用100mm×100mm×100mm试件，以三个试件为一组。

（2）试件从养护地点取出后应及时进行试验，以免试件的温度和湿度发生显著变化。

（3）试件在试压前应先擦拭干净，测量尺寸并检查其外观。试件尺寸测量精确至1mm，并据此计算试件的承压面积值 A。

（4）将试件安放在试验机下压板中心。试件的承压面应与成型时的顶面垂直。开动试验机，当上压板与试件接近时调整球座，使接触均衡。

（5）开动试验机连续而均匀地加荷。当试件接近破坏而开始迅速变形时，应停止调整试验机油门，直至试件破坏，然后记录破坏荷载。

4. 试验结果计算

（1）混凝土立方体试件抗压强度按下式计算，见式（5-10）：

$$f_{cu}=\frac{P}{A} \tag{5-10}$$

式中 f_{cu}——混凝土立方体试件抗压强度（MPa）；

P——破坏荷载（N）；

A——试件承压面积（mm^2）。

（2）取三个试件测值的算术平均值作为该组试件的抗压强度值。三个测值中的最大值或最小值中如有一个与中间值的差值超过中间值的15%时，则将最大及最小值一并舍除，取中间值为该组抗压强度值。如有两个测值与中间值的差值均超过中间值的15%，则该组试件的试验结果无效。

（3）取150mm×150mm×150mm试件的抗压强度值为标准值。用其他尺寸试件测得的强度值均应乘以尺寸换算系数，其值对200mm×200mm×200mm试件为1.05；对100mm×100mm×100mm试件为0.95。

（二）普通混凝土轴心抗压强度试验方法

1. 试验设备

（1）试模：150mm×150mm×300mm或100mm×100mm×200（300）mm。

（2）其他：与混凝土立方体抗压强度试验规定要求相同。

2. 试件制作与养护

取样方法及数量同混凝土立方体抗压强度。

3. 试验步骤

（1）混凝土轴心抗压强度试验采用150mm×150mm×300mm棱柱体作为标准试件，以三个试件为一组。

（2）试件从养护地点取出后，应及时进行试验，以免试件的温度和湿度发生显著变化。

（3）试件在试验前应先擦拭干净，测量尺寸，并检查其外观。试件尺寸测量，精确至1mm，并据此计算试件的承压面积A。

（4）将试件直立放置在试验机的下压板上，试件的轴心应与压力机上压板中心对准。开动试验机，当上压板与试件接近时，调整球座，使接触均衡。

（5）混凝土试件的试验应连续而均匀地加荷。当试件接近破坏而开始迅速变形时，应停止调整试验机油门，直至试件破坏，然后记录破坏荷载。

4. 试验结果

（1）计算混凝土轴心抗压强度按下式计算，见式（5-11）：

$$f_{cp}=\frac{P}{A} \tag{5-11}$$

式中 f_{cp}——混凝土轴心抗压强度（MPa）；

P——破坏荷载（N）；

A——试件承压面积（mm^2）。

（2）取三个试件测值的算术平均值作为该组试件的轴心抗压强度值。三个测值中的最大值或最小值中，如有一个与中间值的差值超过中间值的15%，则将最大及最小值一并舍除，取中间值作为该组试件的轴心抗压强度值。如有两个测值与中间值的差值均超过中间值的15%时，则该组试件的试验结果无效。

(3) 采用非标准尺寸试件测得的轴心抗压强度值，应乘以尺寸换算系数，其值为：对截面为200mm×200mm的试件取1.05，对截面为100mm×100mm的试件取0.95。

三、混凝土预制构件外观及出厂检验

(一) 混凝土预制构件的外观质量检验

混凝土预制构件的外观质量检验主要是检查构件的内外缺陷和规格尺寸。对每一个构件成品，必须进行外观检查。检查有无影响结构使用性能或安装使用性能的露筋、蜂窝、空洞和裂缝等缺陷。检查的方法是用目测。有缺陷的构件，应予剔除。

在逐件观察检查的基础上，抽检构件的外观质量。抽检的原则，按《预制混凝土构件质量检查评定标准》GBJ 321—90规定：以同一工作班、同一班组生产的同类型构件为一个检验批，在该批构件中随机抽查5%，但不应少于3件。对数量不多的主要承重构件（如柱、桁架等），应根据实际情况增加抽检数量。必要时，还应逐件进行检查。

(二) 混凝土预制构件（产品）出厂检验

1. 检验项目

出厂检验包括钢筋材质、混凝土强度、板或梁的外观质量、外形尺寸和结构性能，即：承载力、挠度和裂缝宽度。

型式检验：须对产品质量进行全面考核，按标准的技术要求逐项检验。包括核对设计图纸、混凝土和钢材原材的质量、混凝土强度、构造要求、钢筋和钢丝接头的位置和数量、板和板的制作过程和外观质量、外形尺寸及有关的允许偏差、结构性能、预应力混凝土构件的施加预应力的技术要求。对不超过规定的蜂窝和不影响结构性能及安装使用性能的缺陷，允许用高一强度等级的细石混凝土及时修补。

2. 出厂合格证及检验报告

产品出厂合格证的内容应包括：合格证编号、生产许可证、采用标准图和设计图纸编号、制造厂名称、商标和出厂年月日、型号、规格及数量；混凝土、主筋力学性能的评定结果；外观质量和规格尺寸检验评定结果；结构性能检验评定结果；检验部门盖章。构件合格证应分品种，分规格型号，分级逐批提供其内容，应与出厂合格证相符合。

构件合格证应在构件吊装前提供，合格证内容应包括：工程名称、型号、规格、数量、出厂日期等，并有出厂单位检验部门印章。对于钢筋混凝土预制构件，尚应有混凝土设计标号及实际强度、主筋品种、规格、机械性能以及构件结构性能、试验编号及试验结果、鉴定结论等。由工厂预制的均应有构件出厂合格证；由工地制作的，应具备完整的材质证明，分项工程质量检验评定记录，有关施工记录及试验报告。

梁、板等预制构件都应设有永久性标志，其内容包括：制造厂名称或商标、型号、生产日期和班组、检验合格章。

四、预制混凝土构件结构性能检验

预制混凝土构件结构性能检验的项目如下：

(1) 钢筋混凝土构件和允许出现裂缝的预应力混凝土构件应进行承载力、挠度和裂缝宽度检验。

（2）要求不出现裂缝的预应力混凝土构件应进行承载力、挠度和抗裂检验。

（3）预应力混凝土构件中的非预应力杆件应按钢筋混凝土构件的要求进行检验。

（4）对设计成熟、生产数量较少的大型构件（如桁架等），当采取加强材料和制作质量检验的措施时，可仅作挠度、抗裂或裂缝宽度检验；当采取上述措施并有可靠的实践经验时，亦可不作结构性能检验。

（一）预制混凝土构件的承载力检验

构件应具有的极限承载力必须大于全部外荷载的作用。应符合下式的要求，见式（5-12）：

$$\gamma_u^0 \geqslant \gamma_0[\gamma_u] \tag{5-12}$$

式中：γ_u^0——构件的承载力检验系数实测值，即试件的承载力检验荷载实测值与承载力检验荷载设计值（均包括自重）的比值；

γ_0——结构重要性系数，由设计单位在图纸中注明；

$[\gamma_u]$——构件承载力检验系数允许值。

构件在检验过程中达到承载力极限状态是以一定的标志来严格确定的，在结构性能检验中，称其为“承载力检验标志”。当试验过程中出现这些标志中的任何一种时，即认为该构件已达到承载力极限状态，就算是破坏了。

（二）预制混凝土构件的挠度检验

对梁板类构件而言，刚度是以标准荷载作用下的挠度值来衡量的，即在标准荷载作用下弯曲的下垂度。

构件的挠度允许值应符合下式要求，见式（5-13）：

$$a_s^0 \leqslant [a_s] \tag{5-13}$$

式中　a_s^0——在正常使用短期荷载检验值下，构件跨中短期挠度实测值（mm）；

$[a_s]$——短期挠度允许值，其数值由设计单位在图纸中注明（mm）。

当设计要求按实配钢筋确定的构件挠度计算值进行检验或仅检验构件的挠度、抗裂或裂缝宽度时，应符合下式的要求，见式（5-14）：

$$a_s^0 \leqslant 1.2\,a_s^c \tag{5-14}$$

同时，还应符合上式的要求。

式中　a_s^c——在正常使用短期荷载检验值下，按实配钢筋确定的构件短期挠度计算值。

（三）预制混凝土构件抗裂及裂缝宽度检验

钢筋混凝土构件按裂缝控制划分为三个等级：一级构件混凝土中不允许出现拉应力；二级构件允许混凝土出现拉应力但不允许裂；三级构件混凝土允许开裂，但要控制裂缝宽度。对于严格不要求出现裂缝的构件（一级）或一般不要求出现裂缝的构件（二级）进行拉裂检验；对于允许出现裂缝的构件（三级）进行裂缝宽度检验。预应力混凝土空心权属于二级构件，即一般不允许出现裂缝的构件。

1. 预制混凝土构件的抗裂检验

预制混凝土构件的抗裂检验应符合下式要求，见式（5-15）：

$$\gamma_{cr}^0 \geqslant [\gamma_{cr}] \tag{5-15}$$

式中　γ_{cr}^0——构件的抗裂检验系数实测值，即试件的开裂荷载实测值与正常使用短期荷载检验值（均包括自重）的比值。

$[\gamma_{cr}]$——构件的抗裂检验系数允许值，其数值及检验期限由设计单位在图纸中注明。

2. 预制混凝土构件的裂缝宽度检验

对于允许出现裂缝的构件（三级），要进行裂缝宽度的检验。构件的裂缝宽度检验不论裂缝出现的早晚，均应在正常使用短期荷载检验值 Q_s 作用下进行。即构件的裂缝宽度检验应符合下式的要求，见式（5-16）：

$$\omega_{s,max}^0 \leqslant [\omega_{max}] \tag{5-16}$$

式中 $\omega_{s,max}^0$——在正常使用短期荷载检验值下，受拉主筋处的最大裂缝宽度实测值（mm）；

$[\omega_{max}]$——构件检验的最大裂缝宽度允许值（mm）。

受弯构件的裂缝宽度应该量测其受拉主筋位置处侧面的裂缝宽度，而不是量测构件底部的裂缝宽度。

第五节　钢结构工程施工试验与检测

一、钢筋连接施工试验与检测

（一）钢筋焊接接头试验方法

钢筋焊接接头外观质量检查合格后，方可进行力学性能试验。钢筋焊接接头的基本力学性能试验方法包括拉伸试验、抗剪试验和弯曲试验三种。

钢筋焊接接头的各种试验，一般应在常温（10～35℃）下进行；如有特殊要求，亦可根据有关规定在其他温度下进行。试验用的各种仪器设备应根据相应标准和技术条件定期进行校验，确保精度要求。

1. 拉伸试验

对于冷拔低碳钢丝电阻点焊和钢筋闪光对焊、电弧焊、电渣压力焊、预埋件埋弧压力焊的焊接接头需要进行常温静力拉伸试验。试验目的是测定焊接接头抗拉强度，观察断裂位置和断口形貌，判定塑性断裂或脆性断裂。

2. 抗剪试验

对于钢筋冷拔低碳钢丝电阻点焊骨架和网片焊点需要进行常温抗剪试验。试验目的是测定焊点能够承受的最大抗剪力。

3. 弯曲试验

对于钢筋闪光对焊接头需要进行常温弯曲试验。试验目的是检验钢筋焊接接头的弯曲变形性能和可能存在的焊接缺陷。

（二）钢筋机械连接接头试验方法

1. 锥螺纹接头

（1）接头拉伸试验。同一施工条件、同一批材料的同等级、同规格接头，以 500 个为一个检验批，不足 500 个的也为一个检验批。每批在工程结构中，随机截取 3 个接头作为拉伸试验试件。当有一个试件的强度不符合要求时，应再取二倍 6 个试件进行复验。复验中如仍有一个试件结果不符合要求，则判该检验批为不合格。

（2）施工现场检验：

1）外观检查。随机抽取同规格接头的10％进行外观检查：①钢筋与连接套的规格一致；②接头丝扣无完整丝扣外露；③检查锥螺纹加工检验记录。

2）拧紧检查。随机抽取梁、柱构件按15％的接头数，且每个构件的接头数不少于一个接头；基础、墙、板构件按各自接头数，每100个接头为一检验批，不足100个也作为一个检验批，每批检查3个接头。抽检的接头全部合格。

（3）锥螺纹接头型式检验：

1）在下列情况时应进行型式检验：①确定接头性能等级时；②材料、工艺、规格进行改动时；③质量监督部门提出专门要求时。

2）用于型式检验的钢筋母材的性能除应符合有关标准的规定外，其屈服强度及抗拉强度实测值不宜大于相应屈服强度和抗拉强度标准值的1.10倍。当大于1.10倍时，对A级接头，接头的单向拉伸强度实测值尚应大于等于0.9倍钢筋实际抗拉强度。

3）对每种型式、级别、规格、材料、工艺的机械连接接头，型式检验试件不应少于12个：其中单向拉伸试件不应少于6个，高应力反复拉压试件不应少于3个，大变形反复拉压试件不应少于3个。同时，尚应取3根同批、同规格钢筋试件做力学性能试验。

4）型式检验应由国家、省部级主管部门认可的检测机构进行，并应按规定出具试验报告和评定结论。

2. 镦粗直螺纹钢筋接头

对每种形式、级别、规格、材料、工艺的机械连接接头，型式检验试件不少于9个，其中单向拉伸不少于3个，高应力反复拉压不少于3个，大变形反复拉压不少于3个。同时，取同批、同规格钢筋试件3根做力学性能试验。

施工现场检验：

（1）技术提供单位提供有效的型式检验报告。

（2）对每批进场钢筋进行接头工艺试验：①每种规格钢筋接头试件不少于3根；②对接头试件的钢筋母材进行抗拉强度试验。

（3）按检验批进行外观质量检查和单向拉伸强度试验。

（4）同一施工条件下采用同一批材料的同等级、同形式、同规格接头，以500个为一个检验批进行验收，不足500个也为一个检验批。

每一个检验批的3个单向拉伸强度试验应符合强度要求，该检验批评为合格。如有一个试件的强度不合格，应再取6个试件进行复验。如复验中仍有一个试件试验结果不合格，则该检验批评为不合格。

3. 带肋钢筋套筒挤压连接接头

（1）接头拉伸试验。同一施工条件下，采用同一批材料的同等级、同形式、同规格接头，以500个为一个检验批进行检验，不足500个也作为一个检验批。

每一检验批均应按设计要求的接头性能等级，在工程中随机抽取3个接头试件，进行单向拉伸试验。如果3个试件中有一个试件的抗拉强度不符合要求，应再取6个试件进行复验，复验中如仍有一个试件检验结果不符合要求，则该检验批单向拉伸检验为不合格。

（2）外观质量检验：

1）外形尺寸：挤压后套筒长度应为原筒长度的1.10～1.15倍；或压痕处套筒的外径波动范围为原套筒外径的0.80～0.90倍。

2）压痕道数应符合型式检验确定的道数。

3）接头处弯折不得大于4°。

4）挤压后的套筒不得有肉眼可见裂缝。

每一检验批中应随机抽取10%的挤压接头做外观质量检验。如外观质量不合格数少于抽检数的10%，则该批挤压接头外观质量判定为合格。当不合格数超过抽检数的10%时，应对该批挤压接头逐个进行复检，对外观不合格的挤压接头采取补救措施；不能补救的挤压接头应作出标记，在其中抽取6个试件作抗拉强度试验，若有一个试件的抗拉强度低于规定，则该检验批外观不合格，应会同设计单位商定处理，并做出记录。

（三）预应力筋用锚具、夹具和连接器的验收与试验

1. 进场验收

锚具进场时，除应按出厂证明文件核对其锚固性能、类别、型号、规格及数量外，尚应按下列规定进行验收：

（1）外观检查：应从每批中抽取10%的锚具且不少于10套，检查其外观和尺寸。如有一套表面有裂纹或超过产品标准及设计图纸规定尺寸的允许偏差，则应另取双倍数量的锚具重做检查；如仍有一套不符合要求，则应逐套检查，合格者方可使用。

（2）硬度检验：应从每批中抽取5%的锚具且不少于5套，对其中有硬度要求的零件做硬度试验（多孔夹片式锚具的夹片，每套至少抽取5片）。每个零件测试3点，其硬度应在设计要求的范围内。如有一个零件不合格，则应另取双倍数量的零件重做试验；如仍有一个零件不合格，则应逐个检查，合格者方可使用。

（3）静载锚固性能试验：经上述两项试验后，应从同批中抽取6套锚具，组装成3个预应力筋锚具组装件，进行静载锚具性能试验，如有一个试件不符合要求，则应另取双倍数量的锚具重做试验；如仍有一个试件不符合要求，则该批锚具为不合格品。

注：对于一般工程的锚具进场验收，其静载锚固性能，也可由锚具生产厂提供试验报告。

预应力筋用锚具、夹具和连接器检验批的划分：在同种材料和同一生产工艺条件下，锚具和夹具应以不超过1000套为一个检验批；连接器应以不超过500套为一个检验批。

2. 静载锚固性能试验

（1）试验用的预应力筋锚具、夹具、连接器组装件，应由锚具、夹具或连接器的全部零件与预应力筋组装而成，组装时除设计有专门要求外，不得在锚固零件上任意添加影响锚固性能的物质（如金刚砂、石墨、油脂等）。各根预应力钢材应等长平行，其受力长度不应小于3m。

注：单根预应力筋组装件试件，预应力筋的受力长度不应小于0.6m。

（2）进场验收的预应力筋锚具、夹具、连接器组装件，其组装情况及其所用的预应力钢材，应与工程实际情况相一致。

（3）试验用的测力系统，其不确定度不得大于2.0%；测量总应变用的量具，其标距的不确定度不得大于标距的0.2%，指示应变的不确定度不得大于标距的0.1%。试验设备及仪器每年至少标定一次。

（4）静载锚固性能试验应测量下列项目：①试件的实测极限拉力；②达到实测极限拉力时的总应变。

（5）试验过程中，还应观测下列项目：①各根预应力筋与锚具、夹具或连接器之间的相对位移；②锚具、夹具或连接器各零件之间的相对位移；③在达到预应力钢材抗拉强度标准值的80%以后，持荷1h时间内，锚具、夹具或连接器的变形；④试件的破坏部位与破坏形式。

全部试验结果均应作出记录，并据此确定锚具、夹具或连接器的锚固效率系数。

二、钢结构工程主要检测项目及抽样

（一）钢结构工程的主要检测项目

（1）高强度螺栓连接副预拉力或扭矩系数复验。

（2）高强度螺栓连接抗滑移系数试验。

（3）焊缝检测。

（4）高强螺栓检测。

（5）栓钉焊接检测。

（6）安装工程部位检测。钢结构工程应主要检测柱—柱、柱—梁及梁—梁的安装节点部位焊接、高强螺栓连接及栓钉焊接质量；对其他钢结构工程可只进行安装位置全熔透焊缝的超声波探伤检测。

（二）钢结构工程的抽样及检测数量

（1）高强度螺栓连接副预拉力的复验。扭剪型高强度螺栓按施工现场待安装的螺栓批中随机抽取，每批取8套进行复验。高强度大六角头螺栓，按施工现场待安装的螺栓批中随机抽取，每批抽取8套进行复验。

（2）高强度螺栓连接摩擦面的抗滑移系数试验和复验。按制造厂和安装单位，分别以钢结构制造批为单位进行抗滑移系数试验。制造批可按分部（子分部）工程划分规定的工程量每2000t为一批，不足2000t的可视为一批。选用两种及两种以上表面处理工艺时，每种处理工艺应单独检验，每批三组试件。

（3）焊缝检测数量：

1）工厂生产的焊缝检测，同一厂家生产的钢构件500t为一个检验批，抽样检测数量为焊缝条数总量的10%，但不少于10条焊缝。超声波探伤在选取的焊缝中，每一条焊缝抽样检测至少一段，每个检测段不小于300mm。检测不合格时，应对该检验批构件加倍抽样检测。

2）钢结构安装中的焊缝检测数量。以结构单元，每一柱节为一个检验批。

①对各种焊接方法和焊接位置的焊缝抽样检测数量不小于5%，外观缺陷检查有怀疑时可用磁粉探伤进行检测。

②对各种焊接方法的坡口焊缝重点进行抽样检测，抽样检测数量不小于20%，进行焊缝的超声波探伤检测。

③对管道对接全熔透焊缝重点进行抽样检测，抽样检测数量不小于20%，进行焊缝的射线照相检测。

④弯曲抽样检测在主要构件上逐批抽取1%进行打弯30o检验，焊钉根部不允许出现裂纹或断裂。

（4）高强度螺栓检测：

1）高强度大六角头螺栓终拧抽样检测数量。按节点数抽查10%，且不应小于10个节点；每个被抽查节点按螺栓数抽查10%，且不应小于2个。

2）扭剪型高强度螺栓终拧抽样检测数量。按节点数抽查10%，且不应小于10个节点；被抽查节点中梅花头未拧掉的扭剪型高强度螺栓连接副全数进行终拧扭矩检查。

三、高强度螺栓安装复验及焊缝检测

（一）扭剪型高强度螺栓连接副预拉力的复验方法

（1）复验用的螺栓应在施工现场待安装的螺栓批中随机抽取，每批应抽取8套连接副进行复验。

（2）连接副预拉力可采用经计量检定、校准合格的轴力计进行测试。

（3）试验用的电测轴力计、油压轴力计、电阻应变仪、扭矩扳手等计量器具，应在试验前进行标定，其误差不得超过2%。

（4）采用轴力计方法复验连接副预拉力时，应将螺栓直接插入轴力计。紧固螺栓分初拧、终拧两次进行，应采用手动扭矩扳手或专用设备电动扳平；初拧值应为预拉力标准值的50%左右。终拧应采用专用电动扳手，至尾部梅花头拧掉，读出预拉力值。

（5）每套连接副只应做一次试验，不得重复使用。在紧固中垫圈发生转动时，应更换连接副，重新试验。

（二）高强度大六角头螺栓连接副扭矩系数的复验方法

（1）复验用螺栓应在施工现场待安装的螺栓批中随机抽取，每批应抽取8套连接副进行复验。

（2）连接副扭矩系数复验用的计量器具应在试验前进行标定，误差不得超过2%。

（3）每套连接副只应做一次试验，不得重复使用。

（4）连接副扭矩系数的复验应将螺栓穿入轴力计，在测出螺栓预拉力P的同时，应测定施加于螺母上的施拧扭矩值T，并按下式计算扭矩系数K，见式（5-17）：

$$K=\frac{T}{P\cdot d} \tag{5-17}$$

式中 T——施拧扭矩（N·m）；

d——高强度螺栓的工称直径（mm）；

P——螺栓预拉力（kN）。

（三）高强度螺栓连接摩擦面的抗滑移系数试验方法

制造厂和安装单位应分别以钢结构制造批为单位进行抗滑移系数试验。制造批可按单位工程划分规定的工程量每2000 t为一批，不足2000 t的可视为一个批。选用两种及两种以上表面处理工艺时，每种处理工艺单独检验。每批三组试件。

试验方法：

（1）试验用的试验机误差应在1%以内。

（2）试验用的贴有电阻片的高强度螺栓、压力传感器和电阻应变仪应在试验前用试验机进行标定，其误差应在2%以内。

（3）试件的组装顺序应符合下列规定：

1）先将冲钉打入试件孔定位，然后逐个换成装有压力传感器或贴有电阻片的高强度螺栓，或换成同批经预拉力复验的扭剪型高强度螺栓。

2）紧固高强度螺栓应分初拧、终拧。初拧应达到螺栓预拉力标准值的50%左右。终拧后，螺栓预拉力应符合下列规定：

① 对装有压力传感器或贴有电阻片的高强度螺栓，采用电阻应变仪实测控制试件每个螺栓的预拉力值应在 $0.95P \sim 1.05P$（P 为高强度螺栓设计预拉力值）之间；

② 不进行实测时，扭剪型高强度螺栓的预拉力（紧固轴力）可按同批复验预拉力的平均值取用。

3）试件应在其侧面划出观察滑移直线。

（4）将组装好的试件置于拉力试验机上，试件的轴线应与试验机夹具中心严格对中。

（5）加荷时，应先加10%的抗滑移设计荷载值，停1min后，再平稳加荷，加荷速度为3～5kN/s，直拉至滑动破坏，测得滑移荷载。

（6）在试验中当发生以下情况之一时，所对应的荷载可定为试件的滑移荷载：

1）试验机发生回针现象；

2）试件侧面划线发生错动；

3）X－Y记录仪上变形曲线发生突变；

4）试件突然发生“嘣”的响声。

（7）抗滑移系数，应根据试验所测得的滑移荷载和螺栓预拉力的实测值计算，见式（5-18）：

$$\mu = \frac{N_v}{n_f \sum_{i=1}^{m} P_i} \tag{5-18}$$

式中　N_v——由试验测得的滑移荷载（kN）；

n_f——摩擦面面数，取 $n_f = 2$；

$\sum_{i=1}^{m} P_i$——试件滑移一侧高强度螺栓预拉力实测值（或同批螺栓连接副的预拉力平均值）之和（取三位有效数字）（kN）；

m——试件一侧螺栓数量，取 $m = 2$。

（四）钢结构焊缝检测

钢结构焊缝检测可用焊缝超声波探伤、磁粉探伤及渗透探伤检验方法。

1. 钢结构对接焊缝的超声波探伤

按《钢焊缝手工超声波探伤方法和探伤结果分级》GB 11345—89的有关规定进行。焊缝（包括角焊缝及T形接头焊缝）质量标准分为两级。每个探测区焊缝长度不小于300mm。检验点应有明显识别标记，并在焊缝边缘母材上打上检测者编号钢印。对不合格的检测区，要在附近再选2个检验区探伤，如这2个测区中又发现1处不合格时，则焊缝应全部进行超声探伤。

2. 钢结构对接焊缝的磁粉探伤

适用于检验Q235和16Mn等钢结构焊缝及其母材的表层裂纹等缺陷的探伤。应优先选用交叉磁轮式旋转磁化法，也可使用磁轮法（即电磁铁）或触头法（即局部通电法）。

第六章　BIM及其在工程项目管理中的应用

第一节　BIM　简　介

一、BIM的由来

BIM（Building Information Modeling）可翻译为“建筑信息建模”，也有翻译为“建筑信息模型”的。但相比之下，前者更为准确。

在过去几十年中，航空、航天、汽车、电子产品等行业的生产效率通过使用新的生产流程和技术有了极大提高，而工程建设行业工作效率的提高并不显著。20世纪90年代以来，欧美国家进行了一系列的研究，得出这样一组数据，摘自Rex Miller等人在2009年出版的《商业房地产革命》(Commercial Real Estate Revolution)：

（1）现有模式下的建筑成本是应该花费的两倍。

（2）72%的项目超预算。

（3）70%的项目超工期。

（4）75%不能按时完工的项目至少超出初始合同价格的50%。

（5）建筑工人的死亡威胁是其他行业的2.5倍。

美国建筑行业研究院的研究报告称，工程建设行业的非增值工作（即无效工作和浪费）高达57%，而作为比较的制造业，该数字只有26%，两者相差31个百分点。

导致工程建设行业效率不高的原因是多方面的，整体行业水平的提高和产业升级只能依靠先进生产流程和技术的应用。BIM正是这样一种技术、方法和机制。通过集成项目信息的收集、管理、交换、更新、存储过程和项目业务流程，为建设工程全寿命周期不同阶段、不同参与方提供及时、准确、足够的信息，支持工程建设不同进展阶段、不同参与方以及不同应用软件之间的信息交流和共享，以实现工程设计、施工、运营、维护效率和质量的提高，以及工程建设行业生产力水平持续不断的提升。

二、BIM的基本概念

BIM的定义有多种版本。麦克格劳・希尔（McGraw・Hill）在2009年《BIM的商业价值》(The Business Value of BIM）的市场调研报告中对BIM的定义比较简练，认为“BIM是利用数字模型对工程进行设计、施工和运营的过程”。

美国国家BIM标准对BIM的定义比较完整：BIM是一个设施（工程项目）物理和功能特性的数字表达；BIM是一个共享的知识资源，是一个分享有关这个设施的信息，为该设施从概念到拆除的全寿命周期所有决策提供可靠依据的过程；在项目不同阶段，不同利益相关方通过在BIM中插入、提取、更新和修改信息，以支持和反映其各自职责的协同作业。

BIM是通过现代计算机技术以多种数字技术为依托的。建筑工程与之相关的工作均可从建筑信息模型中获得各自需要的信息，可以指导相应工作又能将相应工作的信息反馈到模型中。

BIM不只是简单地将数字信息进行集成，还是一种数字信息的应用，它可以用于设计、建造、管理的数字化应用，这种应用可以使建筑工程在其整个进程中显著提高效率、大量减少风险。

BIM可以在建筑工程整个寿命期中实现集成管理，这个模型既包括建筑物的信息模型，同时又包括建筑工程管理行为的模型。将建筑物的信息模型与建筑工程的管理行为模型进行完美组合。可以在一定范围内模拟实际的建筑工程建设行为，例如：建筑物的日照、外部维护结构的传热状态等。

BIM可以模拟实际施工，在设计阶段就发现施工阶段会出现的各种问题，以便能提前处理，从而可提供合理的施工方案，合理配置人员、材料和设备，在最大范围内实现资源的合理运用。

三、BIM的特点

BIM具有以下五个方面的特点：

（一）可视化

可视化即“所见即所得”。对于建筑行业来说，可视化的作用是非常大的。目前，在工程建设实施中所用的施工图纸，只是将各个构件信息用线条来表达，其真正的构造形式需要工程建设参与人员去自行想象。但对于现代建筑而言，形式各异、造型复杂，光凭人脑去想象就不太现实了。BIM可将以往的线条式构件形成一种三维的立体实物图形展示在人们面前，如图6-1所示。

图6-1　3D结构模型

在BIM中，由于整个过程都是可视化的，不仅可以用来展示效果，还可生成所需要的各种报表。更重要的是，在工程设计、建造、运营过程中的沟通、讨论、决策，都可在可视化状态下进行。

（二）协调性

协调是工程建设实施过程中的重要工作。在通常情况下，工程实施过程中一旦遇到问题，就需将各有关人士组织起来召开协调会，找出问题发生的原因及解决办法，然后采取相应补救措施。这种协调是在问题发生后再进行协调。

应用BIM技术，可以实现事先协调。如在工程设计阶段，可应用BIM技术对施工过程中建筑物内设施的碰撞问题进行协调。此外，还可对空间布置、防火分区、管道布置等问题进行协调处理。

（三）模拟性

在工程设计阶段，应用BIM技术可对节能、紧急疏散、日照、热能传导等进行模拟；在工程施工阶段，可根据施工组织设计，将3D模型加施工进度（4D）模拟实际施工，从而通过确定合理的施工方案指导实际施工，还可进行5D模拟（基于3D模型的造价控制），实现造价控制（通常被称为"虚拟施工"）；在运营阶段，可对日常紧急情况的处理进行模拟，如地震人员逃生模拟及消防人员疏散模拟等。

（四）优化性

工程设计、施工、运营过程均可应用BIM技术进行优化。

BIM提供了建筑物实际存在的信息，包括几何信息、物理信息、规则信息，并能在建筑物变化后自动修改和调整这些信息。现代建筑物越来越复杂，在优化过程中需处理的信息量已远远超出人脑的能力极限，需借助其他手段和工具来完成，BIM与其配套的各种优化工具提供了对复杂项目进行优化的可能。

目前，基于BIM的优化可完成以下工作：

（1）设计方案优化。将工程设计与投资回报分析结合起来，可以实时计算设计变化对投资回报的影响。这样，业主对设计方案的选择就不会仅仅停留在对形状的评价上，可以知道哪种设计方案更适合自身需求。

（2）特殊项目的设计优化。有些部位往往存在不规则设计，如裙楼、幕墙、屋顶、大空间等处。这些部位通常也是施工难度较大、施工问题比较多的地方，对这些部位的设计和施工方案进行优化，可以缩短施工工期、降低工程造价。

（五）可出图性

利用BIM对建筑物进行可视化展示、协调、模拟、优化后，还可帮助输出如下图纸或报告：

（1）综合管线图（经过碰撞检查和设计修改，消除了相应错误）；

（2）综合结构留洞图（预埋套管图）；

（3）碰撞检查侦错报告和建议改进方案。

四、国内外应用状况

（一）国外应用状况

（1）美国。BIM的研究和应用起步较早并初具规模。各大设计事务所、承包商和业主纷纷主动在工程项目中应用BIM。政府和行业协会也出台了各种BIM标准。统计数据显示，2009年美国建筑业300强企业中，80％以上都应用了BIM技术。

在美国BIM标准中，主要包括了关于信息交换和开发过程等方面的内容。

2009年7月，美国威斯康辛州要求州内新建大型公共建筑项目使用BIM，预算在250万美元的工程项目必须从设计开始就应用BIM技术。2009年8月，德克萨斯州对州政府投资的项目提出应用BIM技术的要求。

（2）日本。BIM应用已扩展到全国范围，并上升到政府推进层面。2010年3月，日本国土交通省的官厅营缮部门宣布，在其管辖的工程项目中推进BIM技术。目前主要在工程设计阶段应用为主。

（3）韩国。已有多家政府机关致力于BIM应用标准的制定，如韩国公共采购服务中心（Public Procurement Service）下属的建设事业局制定了BIM实施指南和路线图：2012～2015年500亿韩元以上的工程项目全部采用4D设计管理系统；2016年实现全部公共设施项目使用BIM技术。韩国国土海洋部制定的《建筑领域BIM应用指南》于2010年1月发布，是业主、建筑师、设计师等采用BIM技术时必须执行的标准。

（二）国内应用状况

BIM技术在香港地区已广泛应用于各类房地产开发项目中，2009年成立了香港BIM学会。

中国大陆地区的现状是：

（1）有一定数量的工程项目在不同阶段和不同程度上使用了BIM，其中在建第一高楼的上海中心大厦项目最受关注。该项目对工程设计、施工和运营的全过程BIM应用进行了全面规划，成为第一个由业主主导、在建设工程全寿命期应用BIM的标杆。

（2）建筑业相关企业（业主、房地产开发商、设计单位、施工单位等）和BIM咨询顾问以不同形式合作开展BIM的实施。

（3）BIM已经逐步渗透到软件公司、咨询顾问、设计单位、科研院校、建筑企业、房地产开发商和行业协会等。

（4）中国房地产协会商业地产专业委员会在2010年组织研究并发布了《中国商业地产BIM应用研究报告》，用于指导和跟踪商业地产领域BIM技术的应用和发展。

（5）建筑企业开始对BIM人才有所需求，BIM人才的商业培训已经逐步启动。

（6）建筑行业现行法律法规、标准尚未对BIM的应用提出要求。

五、BIM应用前景展望

随着技术的不断发展和BIM应用的不断实践，BIM技术的应用已经朝着更多的发展方向展开。国内在BIM应用领域研究和实践方面已经领先一步的专家这样说道："BIM目前的4D/5D的应用是远远不够的，实际上应该朝着多维度（即nD）发展。"BIM维度关系，如图6-2所示。

（1）多维度的应用，应结合施工管理、协调等有关内容：进度管理、质量管理、成本管理、安全管理、采购、运输、招标、总包管理与分包管理、平面布置和数码测量定位等。

（2）在BIM以建筑物信息为主的信息系统中还可以补充合同管理、文档管理，或将工程监理的标准文档纳入BIM和P6应用中。

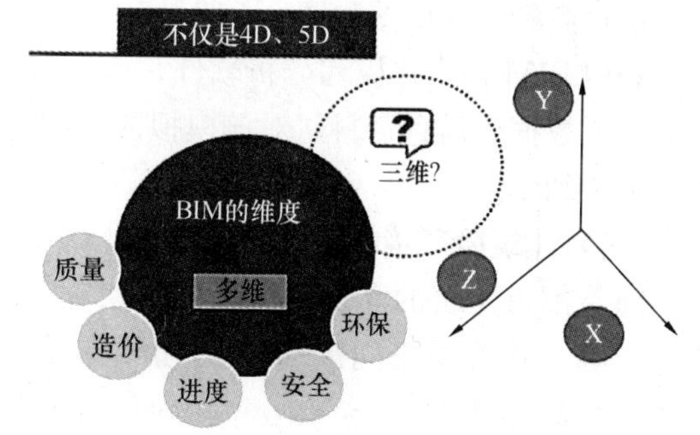

图6-2　BIM维度关系

（3）只停留在BIM的模型是不够的，应结合三维扫描、云技术、移动、平板电脑、三维地图、GPS定位、三维打印、三维的逆向工程、RFID的材料取样的二维码扫描以及电子芯片等拓展其使用范围。BIM应用前景如图6-3所示。

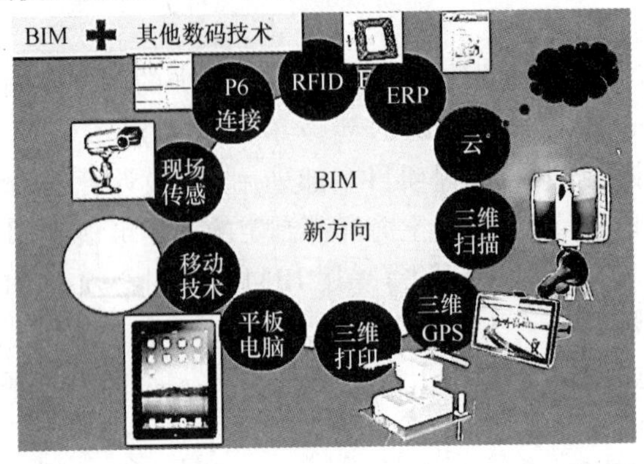

图6-3 BIM应用前景

第二节 BIM 的 应 用

一、城市规划

BIM在城市规划的三维平台中，可以完全实现目前三维仿真系统无法实现的多维应用。特别是城市规划方案的性能分析，可以解决传统城市规划编制和管理方法无法量化的问题，诸如舒适度、空气流动性、噪声云图等指标。BIM的性能分析通过与传统规划方案的设计、评审结合起来，将会对城市规划多指标量化、编制科学化和城市规划可持续发展产生积极的影响。

城市规划微环境模拟是建立在城市规划三维信息模型的基础上，通过微环境模拟平台，对城市规划控制性详细规划和修建性详细规划进行微环境指标模拟评估，并以此评估结果来对控制性规划用地指标进行修正和对修建性详细规划的建筑空间布局进行调控，辅助城市规划管理和城市规划设计。

（一）日照采光分析

建筑物日照间距是城市规划管理部门审核建设工程的重要指标，也是规划设计的主要参考标准。它直接关系到城镇居民的生活环境质量，也是控制建筑密度的有效途径之一。建筑群日照模拟分析图如图6-4所示。

利用BIM相应建模和分析软件，可以对模拟区域建立3D模型，然后通过输入模拟区域的气象数据等信息资料，对该模拟区域内建筑的日照进行模拟和分析，从而为规划设计提供参考和依据。

（二）建筑微环境的空气流动分析

随着都市建筑的高度密集化和高层化。建筑外环境对建筑内部居住者的生活有着重要的影响，建筑物之间风环境的互相作用、小区热环境等问题日益受到人们的关注。采用计算流体动力学（Computational Fluid Dynamics，CFD）可以方便地对建筑外环境进行模拟分析，从而设计出合理的建筑风环境。通过BIM技术与CFD技术的结合运

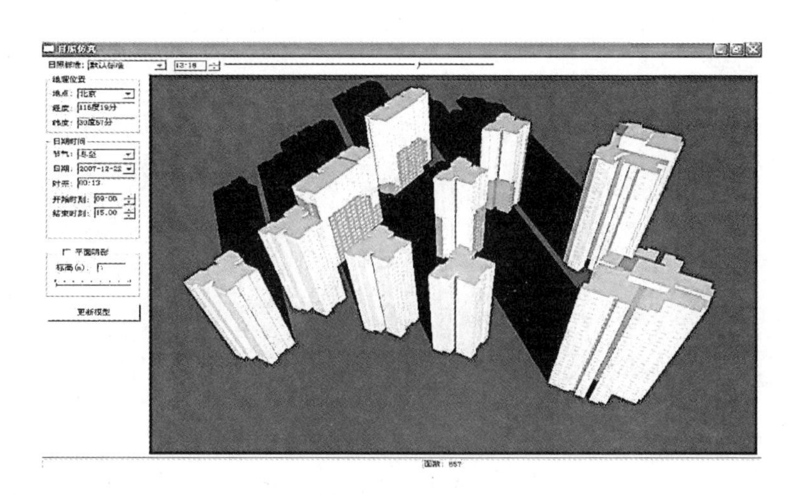

图 6-4　建筑群日照模拟分析图

用，可以方便、快捷地对建筑内、外环境的气流流场进行仿真模拟，可以形象直观地对建筑内外环境的气流流动形成的流体环境做出分析和评价，并及时地调整方案。这样，有利于规划师、建筑师在方案设计时全面、直观地对环境影响的因素进行把握。同时，利用不同技术的综合运用来使规划设计更加科学、合理。空气流动、通风廊道模拟如图 6-5 所示。

图 6-5　空气流通、通风廊道模拟

（三）城市规划可视度分析

通过 BIM 技术，可以对区域内地标建筑进行可视度分析模拟，从分析结果可以清晰地看到城市道路上对该地标建筑的可视度分布。图 6-6 表示景观建筑可视面积的大小，软件会统计不同可视程度类型的面积，而道路上网格的颜色区域变化则显示了能看到的景观建筑的区域变化。

（四）城市建筑群热工分析

主要是分析规划建筑空间形成后，在自然状态下得到太阳热量的自然分布，通过这种热量分布计算，可以很清楚地看到建筑群内部热量集中的地方（高温度区域）。得到该结果后，在深化规划方案设计过程中，可通过各种措施调整，如增加绿地、水系或者引入自然通风廊道等方法减少高温区域。日照强度和各类气象条件模拟如图 6-7、图 6-8 所示。

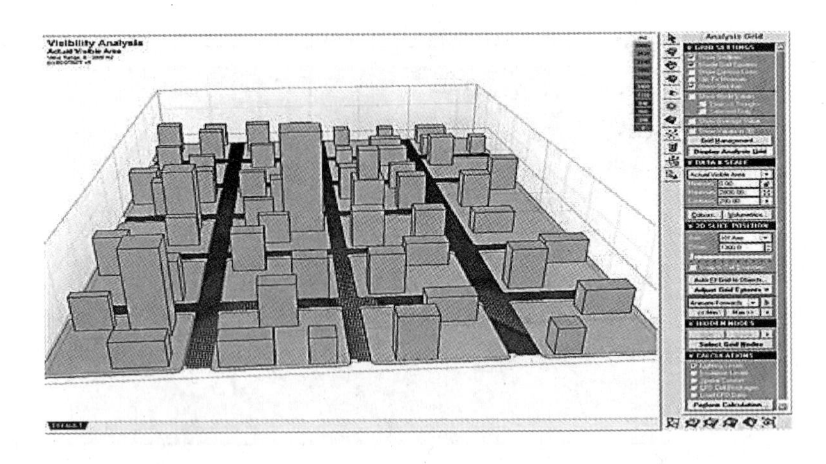

图 6-6　景观建筑可视化分析

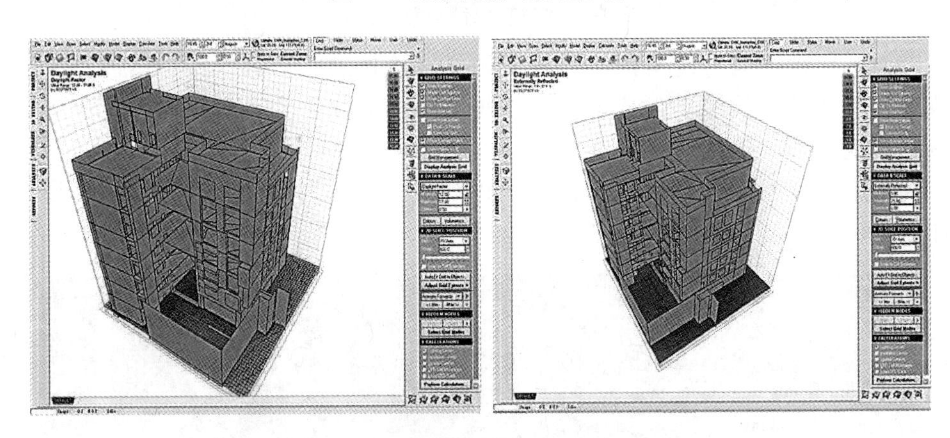

图 6-7　日光照度

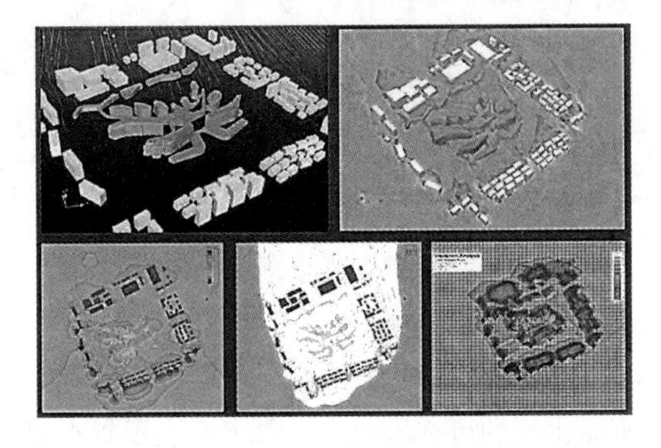

图 6-8　各类气象条件模拟

二、工程造价管理

BIM 在工程造价管理信息化方面具有不可比拟的优势，对于提升工程造价管理信息化水平、改进工程造价管理流程、提高工程造价管理效率，都具有积极意义。

（一）提高工程量计算的准确性

BIM 的自动化算量方法比传统的计算方法更加准确。工程量计算是编制工程预算的基础，但计算过程非常繁琐和枯燥，容易因人为原因造成计算错误，影响后续计算的准确性。此外，由于各地定额计算规则不同，也是阻碍手工计算准确性的重要因素。每计算一个构件要考虑哪些相关部分要扣减，需要具有极大的耐心和细心。

BIM的自动化算量功能可使工程量计算工作摆脱人为因素影响，得到更加客观的数据。无论是规则或者不规则构件，均可利用所建立的三维模型进行实体扣减计算。3D模拟工程量统计及造价表如图6-9所示。

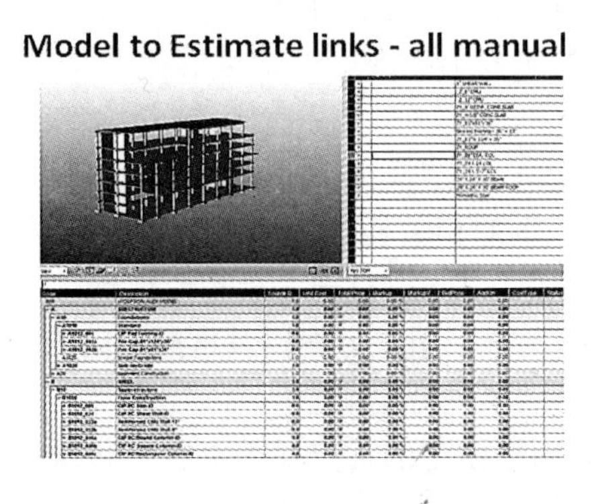

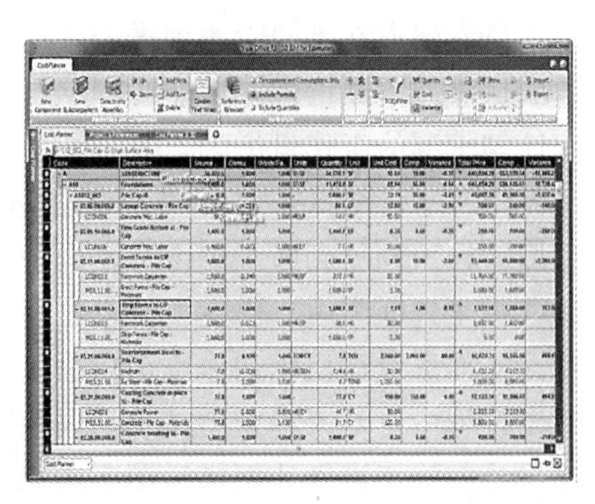

图6-9　3D模型工程量统计及造价表

（二）合理安排资源计划

工程建设周期长，涉及人员多，管理复杂，没有充分合理的计划，容易导致工期延误，甚至发生工程质量和安全事故。

利用BIM模型提供的基础数据可以合理安排资金计划、人工计划、材料计划和机械计划。在BIM模型所获得的工程量上赋予时间信息，可以知道任意时间段的工作量，进而可以知道任意时间段的工程造价，据此来制定资金使用计划。此外，还可根据任意时间段的工程量，分析出所需要的人、材、机数量，合理安排工作。

（三）控制工程设计变更

对于工程设计变更，传统的方法是靠手工先在图纸上确认位置，然后计算工程设计变更引起的量的增减。同时，还要调整与之相关联的构件。这样的过程不仅缓慢，耗费时间长，而且难以保证可靠性。加之工程设计变更的内容没有位置信息和历史数据，查询也非常麻烦。

利用BIM模型，可以将工程设计变更内容关联到模型中，只需将模型稍加调整，就会自动反映出相关的工程量变化。甚至可以将工程设计变更引起的造价变化直接反馈给设计人员，使其能清楚地了解工程设计方案的变化对工程造价的影响。

（四）对工程项目多算对比进行有效支持

利用BIM模型数据库的特性，可以赋予模型内的构件各种参数信息。例如，时间信息、材质信息、施工班组信息、位置信息、工序信息等。利用这些信息，可以将模型中的构件进行任意的组合和汇总，从而可以快速地进行统计，对未施工项目进行多算对比提供有效支撑。

（五）历史数据积累和共享

以往工程的造价指标、含量指标等数据，对今后类似工程的投资估算和审核具有非常重要的价值，工程造价咨询单位视这些数据为企业核心竞争力。利用BIM模型可以对相关指标进行详细、准确的分析和抽取，并且形成电子资料，方便存储和共享。

三、施工进度管理

好的施工进度计划可以使工程项目各参建方达到“协调一致”。因此，不管是业主方还是施工方，做好施工进度计划的编制与管理工作非常重要。目前，大多数工程项目进度计划是由项目参建方在不同阶段根据经验值编制出来的。在这个过程中，工程项目的相关信息随着项目进展不断增多，由于工程项目各参建方不能很好地传递信息以及相关变化，致使进度计划编制的工作量加大。

BIM从3D模型发展到4D（3D+时间或进度）建造模拟功能，使工程项目相关人员都能够更加轻松地预见到施工进度。由此方式产生的相关任务可以自动地关联到BIM软件上，调整施工进度图后，进度安排也会自动变化，并在4D施工模拟时体现。BIM可以在工程建设前期形成可视化的进度信息、可视化的施工组织方案以及可视化的施工过程模拟，在建设过程中可对工程变更结果及风险事件结果进行模拟。

对比传统的施工进度计划横道图、网络图，4D模型的优点显而易见。传统的施工进度计划的编制和应用多适用于技术人员和管理层人员，不能被参与工程的各级各类人员广泛理解和接受，而4D模型可将施工中每一项工作以可视化的虚拟建造过程显示出来。施工进度区域划分及甘特图如图6-10所示。

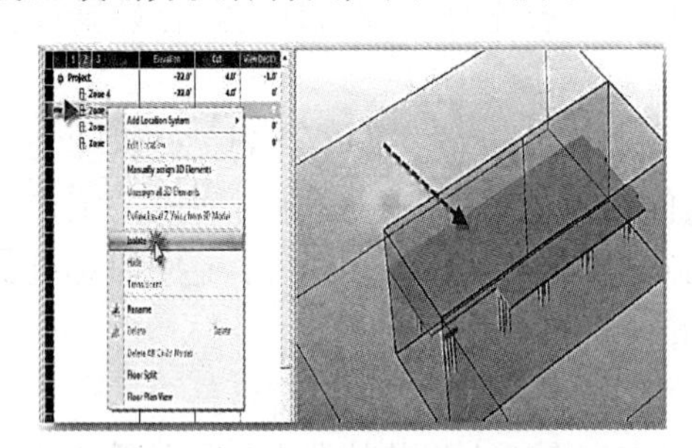
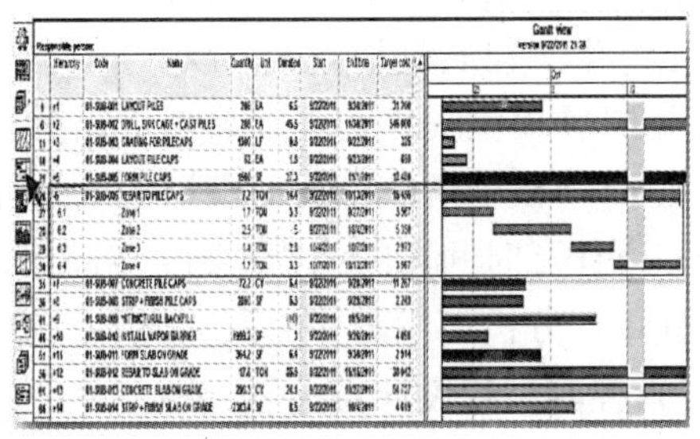

图6-10　施工进度区域划分及甘特图

在工程施工中，利用4D模型可以使全体参建人员很快理解进度计划的重要节点；同时，进度计划通过实体模型的对应表示，有利于发现施工过程中的问题，及时采取措施，进行纠偏调整；遇到设计变更、施工图更改时，也可以快速地联动修改进度计划。此外，在工程评标过程中，4D模型可以使评标专家从模型中很快地了解投标单位对工程施工组织的编排情况、主要的施工方法、总体计划等，从而对投标单位的施工经验和实力做出初步评估。

需要指出的是，4D模型所承担的分析推理工作离不开使用者的介入，这就要求使用者具有一定程度的操作经验和足够的专业知识。施工人员在设计阶段就介入，才能更好地依靠4D模型来调整方案，进行进度编排，使工程设计更具备可施工性。

4D模型在施工过程中可以应用到进度管理和施工现场管理等多个方面，主要表现为进度管理的可视化、监控、记录、进度状态报告和计划的调整预测等功能，以及施工现场管理策划可视化、辅助施工总平面管理、辅助环境保护、辅助防火保安等功能。同时，还可应用到物资采购管理方面，表现为辅助编制物资采购计划、物资现场管理及物资仓储可视化管理等功能。通过4D模型的应用，可以在整个工程建设过程中实现工程信息的高度共享，提高信息的利用价值，提高施工技术水平。

四、设施运行维护

维护保养是一种针对设施全寿命期的操作，确保建筑设施在全寿命期内性能良好。维护保养做得不好，会导致设备寿命缩短，直接后果就是增加成本。由于增加的可能不是当期会计成本（比如本年度的），而是未来若干年的，因此经常会被忽视。建筑物在发挥其实用功能价值的过程中，设施使用寿命的运行维护成本是仅次于维护人员薪水的开支。设施管理人员每天都要遇到诸如管道阻塞、泄漏、门铰链断裂等问题。BIM技术对设施管理企业提高运作和维护水平、设法利用设施提供舒适安全的工作场所、改善员工的工作强度和提高生产率等方面发挥积极作用。

设备设施出现故障而进行的恢复性能的维护活动（也称之为故障维修）需要的是快速查找故障根源，此时，可用到BIM的分析和可视化功能。比如，抢修时的快速定位和信息查询；还有，一台设备经常出故障，其原因可能是与附近的另外一台设备有关，这在三维空间视图上，很容易看到这种关联性。

预防性维护是为了延长系统使用寿命，使其保持在指定的性能水平上，根据计划对其反复检查和操作。预测寿命是相当前沿的科学，BIM能够发挥重要作用。比如，基于BIM的CAFM（计算机辅助设施管理系统），建立在建筑设施大量历史数据的基础上，应用相应的数学模型进行可视化分析，得出未来的各种可能性，从而采取相应的对策。

预测性维护（预测性测试和检查）与BIM的结合是一个富有挑战性的课题。在我国已经有一些桥梁和大型工程项目中使用了结构监测技术，其目的是为了对部件进行连续或定期的检测和诊断，从而对故障做出预测。

在维护过程中，几乎所有的设备、装饰材料、空间等非结构构件都会经历至少一次更新。这是建筑物在寿命期内的新陈代谢，是运营管理专业的重要研究对象，BIM能够很好地支持该过程。

市场上能够进行运行维护模拟的BIM工具已经越来越多，大致上有以下几种类型：①人群行为（crowd behavior）；②疏散模拟（evacuation）；③运行模拟（operation）；④能耗模拟（energy）；⑤应急预案（emergency plan）；⑥环境模拟（environmental）。

所有这些模拟都可以在工程设计的早期、设计进行过程中以及运营期间进行，其输入的参数和输出的结果可能不同，但都有其利用价值。整合到CAFM，就能够进行建筑绩效分析，尤其是将运行维护成本和一系列性能指标引入。无论是能源消耗，还是维修费用、人员开支，都录入到一个集成的BIM系统中，通过分配计算，能够得到很多关于建筑设施的绩效指标，用于衡量运营管理工作成果。这种衡量，是在运营过程中控制成本的基本工作。

第三节　BIM在工程项目管理中的应用

一、应用目标

BIM的主要任务就是通过借助BIM理念及其相关技术搭建统一的数字化工程信息平

台，实现工程建设过程中各阶段数据信息的整合及其应用，进而更好地为委托方创造价值，提高建设效率和质量。目前，工程项目管理咨询服务过程中应用 BIM 技术主要期望达成如下目标：

（一）可视化展示

BIM 技术可利用计算机实现工程项目在建设完工前的可视化展示。与传统单一的设计效果图等表现方式相比，由于数字化工程信息平台包含了工程建设各阶段所有的数据信息，基于这些数据信息制作的各种可视化展示将更准确、更灵活地表现工程项目，并辅助各专业、各行业之间的沟通交流。软件中设置工序搭接如图 6-11 所示。

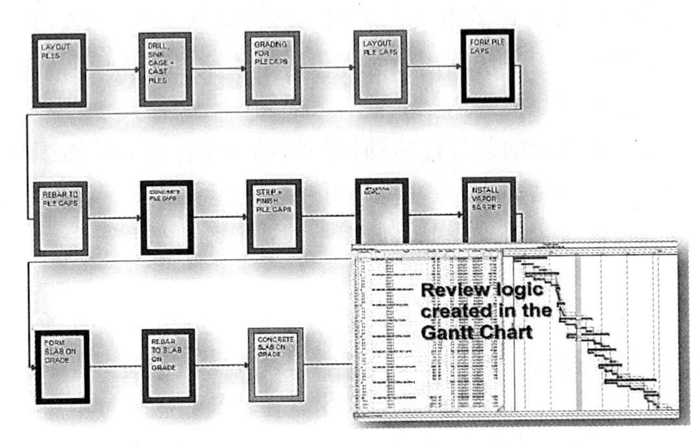

图 6-11　软件中设置工序搭接

（二）提高工程设计和项目管理质量

BIM 技术可帮助工程项目各参建方在工程建设全过程中更好地沟通协调，为做好设计管理工作，提高工程设计质量及工程项目在技术、经济上的可行性论证，提供更为先进的手段和方法，从而提升工程项目管理的质量和效率。

（三）控制工程造价

通过数字化工程信息模型，实现工程项目各阶段数据信息的准确性和唯一性，进而在工程建设早期发现问题并予以解决，减少工程过程中的变更，大大提高对工程造价的控制力。

（四）缩短工程施工周期

借助 BIM 技术，实现对各重要施工工序的可视化整合，协助委托人、设计单位、承包单位更好地沟通协调与论证，合理优化施工工序。

二、应用范围

现阶段，工程项目管理公司运用 BIM 技术提升咨询服务的价值，仍处于初级阶段，其应用范围主要包括以下几个方面：

（一）可视化模型建立

可视化模型建立是 BIM 的基础，包括建筑、结构、设备等各专业工种。在 BIM 中，由于整个过程都是可视化的，因此，可视化的结果不仅可用效果图进行展示及报表的生成，更为重要的是，工程设计、建造、运营过程中的沟通、讨论、决策都是在可视化的状态下进行的。

BIM 模型在工程建设中的衍生路线就像一棵大树，其源头是设计单位在设计阶段培育的种子模型；其生长过程伴随着厂家的深化补充；施工单位进行二次设计和重塑，以及业主、项目管理单位、监理单位等多方审核；后端衍生的各层级应用如同果实一样。他们之间相互维系，而维系的血脉就是带有种子模型基因的数据信息，数据信息如同新陈代谢般随着工程项目寿命期的进展不断进行更新维护。

目前，一些具备先进管理理念及技术手段的工程项目管理公司已不仅仅满足于依靠设计单位来完成建模工作，而是开始在内部培养、组建 3D 建模团队，为后续工作的开展奠定基础。

（二）工程设计优化

具备工程设计、施工丰富经验的团队对从方案设计到施工图设计的各个阶段设计成果进行评估，发现问题，提出合理化改进建议，从而提升工程项目设计管理能力。

（三）管线综合

随着建筑业的快速发展，对协同设计与管线综合的要求愈加强烈。但是，由于缺乏有效的技术手段，不少设计单位都没有能够很好地解决管线综合的问题，各专业设计结果之间的冲突严重地影响了工程质量、进度和造价等。BIM 技术的出现，可以很好地实现碰撞检查，尤其对于建筑形体复杂或管线约束多的情况是一种很好的解决方案。此类服务可使工程项目管理服务的价值得到进一步提升。3D 模型冲突检测如图 6-12 所示。

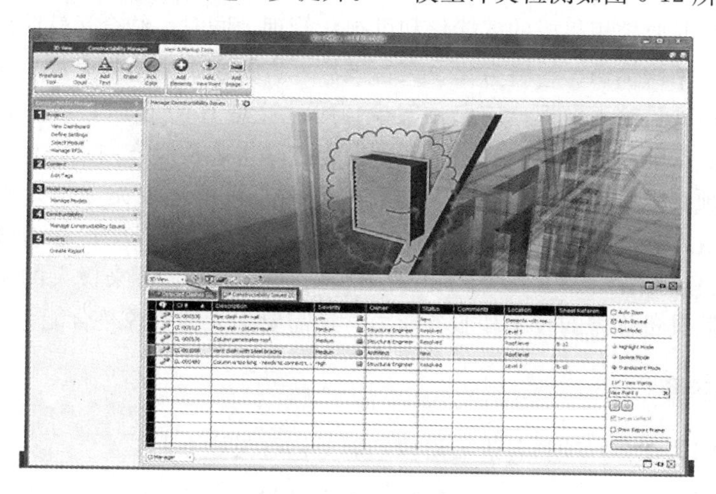

图 6-12　3D 模型冲突检测

（四）性能分析

利用 BIM 技术提供的完整信息模型，可以对建筑的各种性能进行模拟测试，并进行优化设计，从而达到节能环保、降低成本、提高建筑使用舒适度的目的。主要包括日照采光分析、城市规划分析、室内外风环境模拟和建筑使用能耗分析等。工程项目管理公司涉及此方面内容较少，主要由设计单位依托专业软件进行数据分析及优化。

（五）4D 虚拟施工

当前，绝大部分工程项目仍然是采用横道图表示进度计划，用直方图表示资源计划，无法清晰描述施工进度以及各种复杂关系，难以准确表达工程施工的动态变化过程，更不能动态地优化分配所需要的各种资源和施工场地。如何在工程建设过程中合理制定施工计划、精确掌握施工进程，优化使用施工资源以及科学地进行场地布置，对整个工程的施工进度、资源和质量进行统一管理、控制，以缩短工期、降低成本、提高质量，是工程建设领域所亟待解决的问题。

工程项目管理公司将 BIM 和进度计划软件（如 MS Project，P6 等）的数据进行集成，可以按月、按周、按天看到工程施工进度并根据现场情况进行实时调整，分析不同施工方案的优劣，从而得到最佳施工方案。此外，还可对工程项目的重点或难点部分进行可建性模拟，按秒、分、时进行施工安装方案的分析优化。通过对施工进度和资源的动态管理及优化控制，以及施工过程的模拟，可以更好地提高工程项目的资源、能源利用率，对整个工程建造过程有实际的指导意义。

（六）成本核算

对于工程项目而言，预算超支现象是极其普遍的。而缺乏可靠的成本数据是造成成本超支的重要原因。BIM 是一个包含丰富数据、面向对象、具有智能和参数特点的建筑数字化标识。借助这些信息，计算机可以快速对各种构件进行统计分析，完成成本核算。通过将工程设计和投资回报分析相结合，实时计算设计变化对投资回报的影响，合理控制工程总造价。

（七）运行维护模拟

将 BIM 与运营维护管理计划相链接，设备管理数据的实时录入，实现建筑物业管理与楼宇设备的实时监控相集成的智能化和可视化管理。同时，结合运营阶段的环境影响和灾害破坏，针对结构损伤、材料劣化及灾害破坏，进行建筑结构安全性、耐久性分析与预测，比如：地震人员逃生模拟、应急预案模拟等。这是 BIM 在运营维护和改造升级过程中的应用，虽然目前还没有成熟的实际案例，但应是未来发展方向之一。

由于工程项目本身的特殊性，建设过程中随时都可能出现无法预计的各类问题，而 BIM 技术数字化手段本身也是一项全新的技术。因此，在工程项目管理服务过程中，使用 BIM 技术具有开拓性意义，同时，也对工程项目管理团队带来极大的挑战。这不仅要求项目管理团队具备优秀的技术和服务能力，还需要强大的资源整合能力。

三、服务内容

项目管理团队在工程项目各进展阶段的服务内容见表 6-1。

各阶段服务内容　　**表 6-1**

前期/设计阶段	模型建立	建筑、结构、设备各专业信息模型搭建 各阶段各工种综合可视化分析，供沟通交流、设计协调 各种规格图形输出：静态、动态
	设计优化	审查各阶段图纸 把控工程设计质量
	管线综合	各专业间进行碰撞检查 生成碰撞报告 优化调整建议

续表

前期/设计阶段	成本核算	生成各类明细表，精确材料统计 投资优化建议：设计变化对投资回报的影响 建设成本概预算
	性能分析	日照分析，采光环境模拟与优化建议 热环境分析，建筑能耗模拟与优化建议 遮阳设计 风环境模拟与设计优化 声环境模拟与优化、声场设计优化
	数据整合	整合项目各参与方的交付成果（数据格式） 辅助搭建信息化模型平台
施工阶段	模型建立	施工阶段的信息模型建立
	四维施工模拟	确定四维模拟流程 对重要建设周期进行四维模拟
	动态碰撞检查	施工场地布置的动态碰撞 生成碰撞报告
	设计协调	各参与方的三维数据文件的整合与协调 协调专业施工及材料单位对于复杂建筑形体，提供空间定位、幕墙划分等设计辅助服务
	成本控制	生成各类明细表及造价报告 工程变更评估 成本控制建议
	施工方案优化	与施工方提早接触，在四维模拟基础上优化施工方案
运营阶段	模型建立	详细设备信息（包括供应商、规格、联系人等）的建立
	动态碰撞检查	物业运营方案的动态碰撞检查 生成碰撞报告
	运营方案优化	运营方案的优化
	应急预案优化分析	地震人员逃生模拟 消防人员疏散模拟 其他
	文档输出	各类展示文件的辅助制作（静态、动态）

第四节 BIM 应用案例

一、上海中心大厦工程

上海中心大厦位于上海小陆家嘴核心区，主体建筑结构高度580m，总高度632m，总建筑面积57.4万 m^2（包括地上建筑面积38万 m^2）。上海中心大厦工程以绿色建筑为目标，未来将成为国内第一个在全寿命期内满足中国绿色建筑三星级和美国LEED绿色建筑体系高级别认证要求的超高层建筑；中心大厦将具有国际标准的24小时甲级办公环境，

图 6-13　上海中心大厦效果图

超五星级酒店和配套设施以及集观光、购物、娱乐、餐饮、休闲功能于一体的商业文化城和特色的会议设施；将在优化城市规划、完善城市空间、提升上海金融中心综合配套功能、促进现代服务业集聚等方面发挥重要作用，并将成为上海标志性建筑和上海金融服务业的重要载体。上海中心大厦效果图如图 6-13 所示。

（一）设计阶段：可视化虚拟设计、性能分析、方案选择、管线综合处理

上海中心大厦的旋转外形可减少大约 32% 的风阻。但这样的外形对建筑功能和施工建造都有一定影响。该工程利用 BIM 进行了突破性处理，采用了双层表皮的概念：内层表皮采取非常规的几何形状，外层表皮采取旋转方式，BIM 平台在建造过程中起到了很大的作用，建筑外形完全是基于数字化平台来实现的，传统的二维平台根本无法满足异型建筑各个细部的衔接，尤其是对于这种超级体量的建筑。而 BIM 在设计阶段的参数化运用，完美地解决了复杂的几何问题。

上海中心大厦工程在整个设计进程与协调过程中充分利用 BIM 解决了工程自身很多挑战性课题。在幕墙设计方面，旋转的形态决定其结构和幕墙玻璃必须轻盈，悬挂在整个楼体外侧，不直接与楼板发生关联，用直面的玻璃做成双曲面的空间形态，在视觉效果实现的同时，考虑可建造性。BIM 设计完成了精确的定位，并将这种定位放到 BIM 平台上，让所有专业共享这个计算和设计带来的成果，帮助其选择一个比较好的幕墙设计方案。多专业协同如图 6-14 所示。

对于异型建筑来说，用通常的设计手段是无法准确定位这些异型点的。而且上海中心大厦又非常复杂，尤其是设备层和避难层，由于结构原因，有很多杆件穿插在设备层中间，二维设计是无法解决这些设计难题的。运用 BIM 通过三维设计完成了整个设备层的设计工作，有效地避免了杆件之间的相互碰撞。4D 模拟施工如图 6-15 所示。

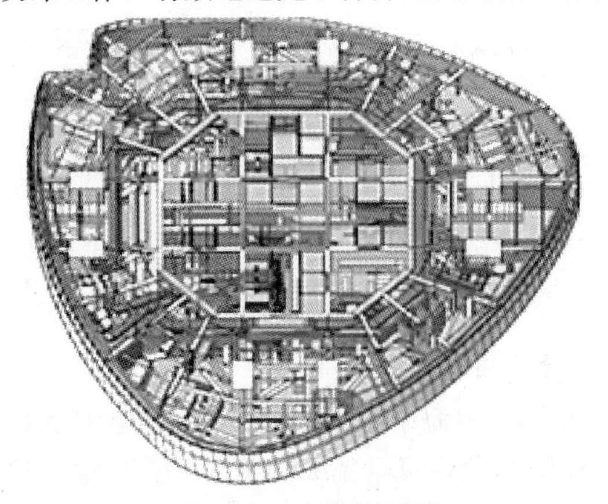

图 6-14　多专业协同

图 6-15　4D 模拟施工

（二）施工阶段：结构方案选择、碰撞检测、施工管理

BIM 在施工阶段的运用十分广泛。不论幕墙、机电还是结构，BIM 在各个专业中都发挥着重要作用。上海中心大厦工程的结构十分复杂，初期共拟定了 20 多个方案，就旋转的外形而言，最终选定了矩柱与支外伸臂加上支核心筒的结构体系。BIM 平台的应用为项目团队理解复杂几何形态的变化提供了帮助，使结构选型变得非常简单、明了，而且直接。

BIM 的碰撞检测在本工程中也是非常重要且必不可少的一个环节。最初，施工技术人员采用传统的方法，利用二维图纸将建筑结构图进行叠加，而 BIM 技术则通过软件对综合管线进行碰撞检测。利用 BIM 相关软件进行三维管线建模，快速查找模型中的所有撞点，并出具碰撞检测报告。在深化设计中选用相关软件，实现管线碰撞检测，从而较好地解决了传统二维设计下无法避免的错、漏、碰、撞等现象。并根据结果，对管线进行调整，从而满足设计施工规范、体现设计意图、符合业主要求、维护检修空间的要求，使得最终模型显示为零碰撞。同时，借助 BIM 技术的三维可视化功能，可以直接展现各专业的安装顺序、施工方案以及完成后的最终效果。

上海中心大厦工程以深化设计阶段所拥有的 BIM 模型为基础，导入相关 BIM 软件，通过必要的数据转换、机械设计以及归类标注、材料统计等工作，将 BIM 模型转换为预制加工设计图纸，指导工厂生产加工，在保证高品质管道制作的前提下，减少现场加工的工作量。然后利用 BIM 模型进行工作面划分，再通过 BIM 的材料统计功能，对单个工作区域的材料进行归类统计，要求材料供应商按统计结果将管道、配件分装后送到材料配送中心。BIM 模型的精确归类统计，大幅减少了材料发放、审核的管理工作，有效控制了领用的误差，减少了不必要的人员与材料的运输成本。

（三）运营管理阶段：论证、运营、使用、维修、更新

BIM 在工程竣工之后运营管理和维护方面的作用也是巨大的。传统的运营管理要依靠很多的图纸来展开工作，一旦发生事故，查找图纸就变得非常复杂，耗时耗力。如今，上海中心大厦通过 BIM 系统建立起来的完整信息模型，可以非常便捷地进行图纸查询和检修，有利于及时解决突发事故。此外，对于上海中心大厦日后的运营，BIM 也进行了科学计划。在 BIM 系统中，上海中心大厦整个寿命期预期达到 100 年左右，未来的运营、使用、维修和更新等方面的问题，都已通过 BIM 进行了充分的考虑和论证。

二、曹妃甸国际生态城水上会馆工程

曹妃甸国际生态城水上会馆工程位于河北省唐山曹妃甸渤海海岸上，滨海大道南侧内海中，总建筑面积为 6045.5m^2，提供集餐饮、娱乐、游艇俱乐部、国际会议等功能，并能同时容纳 300 人标准的接待场所。水上会馆主体建筑形象来自芙蓉花，通过 BIM 工具造型，象征芙蓉花瓣的建筑外表面向内倾斜，与有相似倾斜角度的游船位于同一视线平面，二者相得益彰。曹妃甸工程效果如图 6-16 所示。

（一）可视化虚拟设计、协同设计

曹妃甸国际生态城水上会馆工程美轮美奂的芙蓉花瓣状建筑外形给设计带来了很大的挑战。建筑外形水平投影是椭圆形的曲面，竖向外表面又是自上而下向内倾斜的曲面，其定位非常复杂。传统的二维设计根本无法进行准确定位。外芙蓉花瓣状建筑的屋顶又是倾

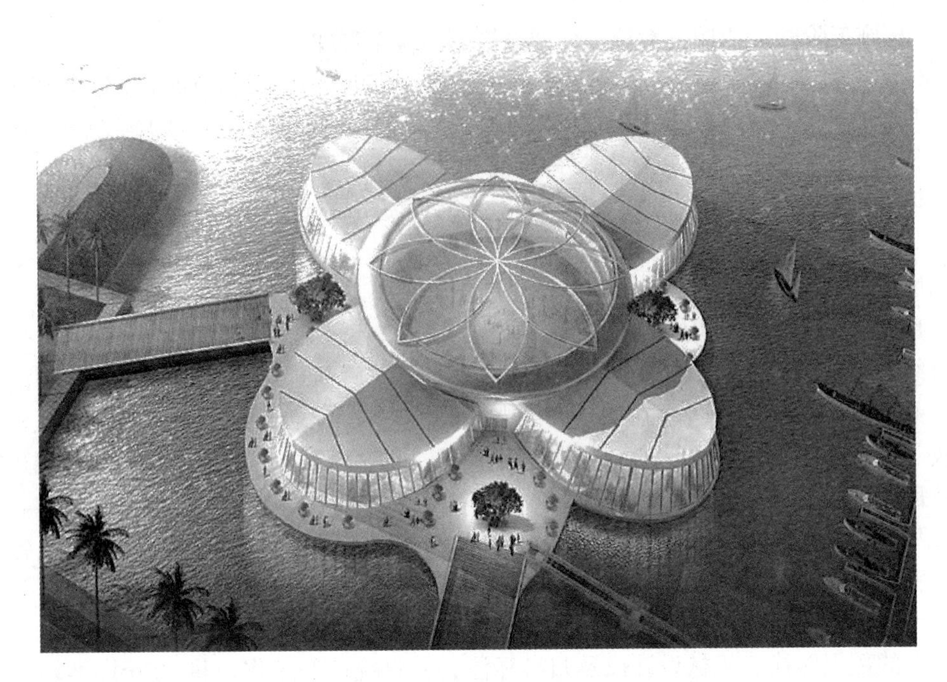

图 6-16　曹妃甸工程效果图

斜的，如果按照传统的二维模式去设计，不仅困难重重，而且各专业之间会出现很多冲突碰撞。由于采用了 BIM 的三维软件直接进行设计，降低了出错率，节省了设计工作量，方便快捷。建模软件 Autodesk Revit 中的模型渲染如图 6-17 所示。

图 6-17　建模软件 Autodesk Revit 中的模型渲染图

对于曹妃甸这类复杂的建筑设计，借用 BIM 技术可以将其高效地展示出来，利用数字建模软件，将真实的建筑信息参数化、数字化。在建立数字化模型平台的基础上，使工程参建各方都能够共享信息。共享模式下各专业“真协同”设计包含所有专业的一体化模型，通过中心文件共享的工作模式使得工程建设各方实现了协同设计。曹妃甸生态城外形、内部功能划分、可视化效果对比如图 6-18～图 6-21 所示。

（二）性能分析

曹妃甸国际生态城水上会馆工程秉承了生态城循环经济、绿色节能的理念，并在绿色设计上下足了功夫。BIM 应用于整个工程的气候、日照、采光和照明等性能分析环节上，为实现绿色节能提供了强有力的支撑。在采光、照明分析上，由于玻璃幕墙及中庭屋顶

图 6-18　曹妃甸生态城水上会馆芙蓉花外观造型

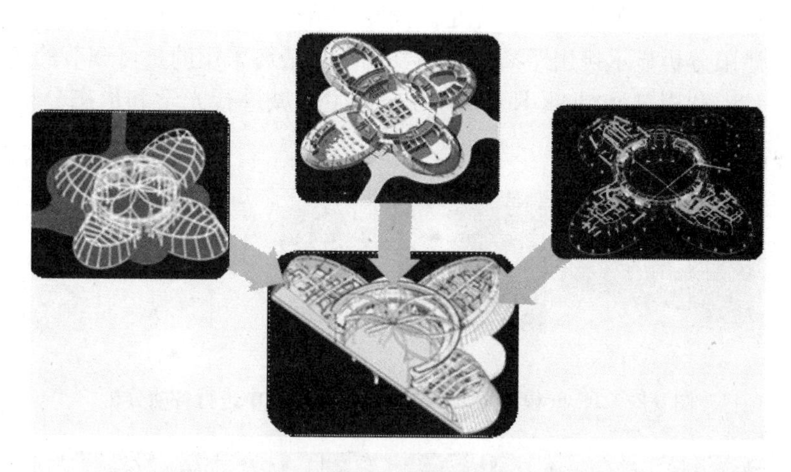

图 6-19　由各专业工程师共同建立的整体模型

图 6-20　完全可视化的效果对比

ETFE 膜的应用，可以利用自然采光的时间很长，中庭的自然采光率达到了 95%以上。但是，夏季太阳辐射很强，就会增加空调负担。应用 BIM 进行分析，建议外墙玻璃幕墙和中庭屋顶做活动的百叶用来遮阳，不仅美观而且节能；而在遮阳分析上，软件生成的采

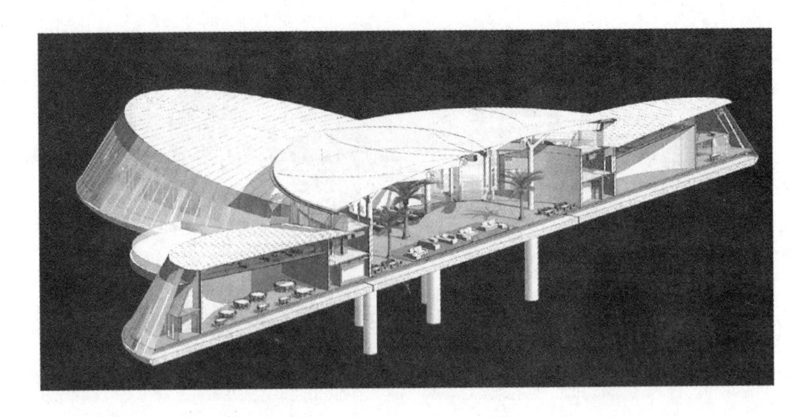

图 6-21 建筑内部功能划分

光度分析和可视化模拟发现室内采光充足。同时，结合节能和避免眩光的考虑，起初拟采用遮阳篷，但遮阳分析显示挑出距离会很大，因此，最终采用的是可调节的遮阳百叶，而不是遮阳篷设计。利用 Autodesk Revit 对曹妃甸生态城进行光学和形态分析如图 6-22～图 6-24 所示。

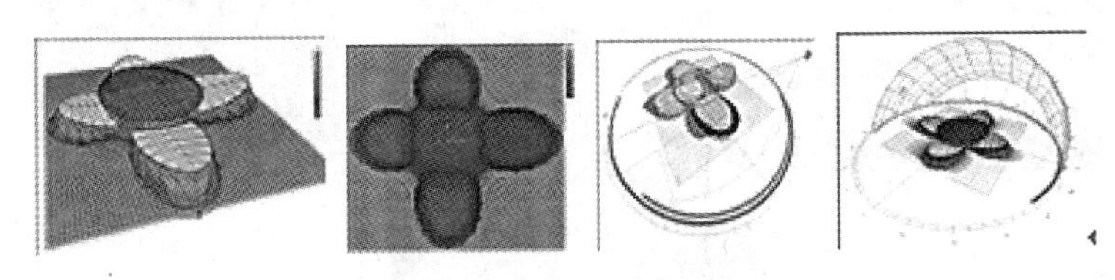

图 6-22 Revit 模型导入 Autodesk Ecotect 中进行各项分析

图 6-23 Revit 中对小会议室室内采光进行模拟

（三）工程量统计及方案对比

BIM 技术在施工和运营环节也得到了很好地应用。工程概算阶段尝试了用 BIM 方式进行工程算量统计，并将其与传统工程算量进行了对比，比较结果显示误差仅在 5%以内。另外，通过 BIM 的 4D 施工模拟对钢结构吊装两套方案进行了比较和筛选，最终选择了汽车吊提升安装方案，大大节省了成本。BIM 在这些环节的应用，为实际建筑施工提

图 6-24　花蕊大厅屋顶

供了参考，进而提升了施工效率和质量，节约了资金。利用 BIM 进行工作量统计和方案对比如图 6-25～图 6-27 所示。

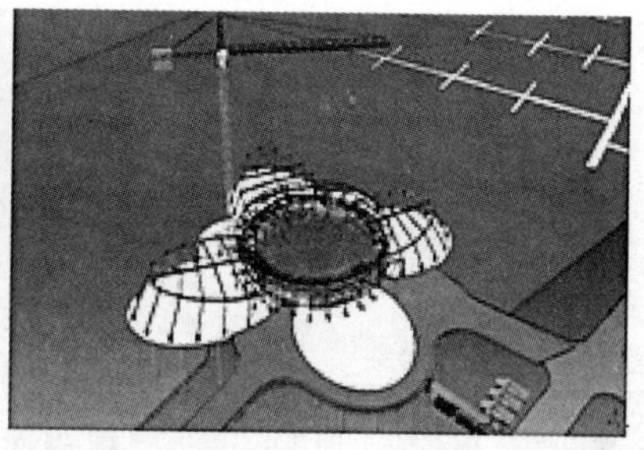

图 6-25　汽车吊和塔吊方案模拟对比

图 6-26　自动形成符合规范要求的工程量统计表格

概算工程师统计的工程量

总概算表

单位：人民币

工程或项目费用名称		单位	数量	单价	合价	备注
I. 工程直接费						
1 水上会馆						
1.1	砼承台及柱墩	m3	5,200	1,100	5,720,000	
1.2	夹层板系统	m2	843	320	269,760	
1.3	钢结构	t	583	11,000	6,407,720	
1.4	玻璃幕墙	m2	2,669	2,200	5,871,800	
1.5	铝板幕墙	m2	678	580	393,240	
1.6	铝板屋面板	m2	2,593	560	1,452,080	
1.7	ETFE气囊膜屋面	m2	1,926	3,200	6,163,200	
1.8	玻璃雨棚	m2	45	1,200	54,000	
1.9	室内装修	m2	5,402	1,500	8,103,000	
1.10	地缘热泵空调系统&通风系统	项	1	3,888,690	3,888,690	详见附表
1.11	给排水系统	项	1	1,259,570	1,259,570	详见附表
1.12	消防	项	1	1,482,850	1,482,850	详见附表
1.13	室外水系统	项	1	746,000	746,000	详见附表
1.14	照明、路灯及防雷	m2	5,402	200	1,080,400	
1.15	电力工程	m2	5,402	510	2,755,020	
1.16	变电站	项	1	1,368,640	1,368,640	详见附表
1.17	弱电系统	m2	5,402	180	972,360	

我部门统计的工程量	
混凝土用量	4939.7
夹层楼板	843
钢梁与钢柱用量	568.78
玻璃幕墙	2617
铝板幕墙	674
铝板屋面	2447
ETFE膜	1817
玻璃雨棚	45

工程量统计误差在5%以内

概算工程师算量结果和我部门提供的大设备系统统计量完全一致

图 6-27　统计结果的比较

三、芬兰 Varma Salmisaari 工程

Varma Salmisaari 工程是一个大型的办公楼集合体，包含高度从 4 层到 12 层不等的 8 幢办公楼，2 个地下停车层及一个面积约 66000m^2 的庭院。Varma Salmisaari 工程如图 6-28 所示。

图 6-28　Varma Salmisaari 工程

（一）挑战

Palmberg 集团希望在既满足严格的工期及预算要求，同时又能确保高质量并且降低风险的情况下，来实施 Varma Samisaari 工程。遇到的挑战包括：评估设计变更对项目实施的影响；模型化的信息如何在计划进度中使用；如何在设计和建造阶段运用 5D 技术等。

（二）解决方案

在寻找最佳解决方案的过程中，Palmberg 集团发现采用 Vico Office 软件的虚拟建设组件对项目进行管理可有效解决有关问题。

为了确保施工效率，Vico公司授权并派遣自己的虚拟建设服务团队来领导和支持整个项目的实施过程，并提供了施工冲突检测报告、基于模型的工程量管理和进度分析等。工程的3D模型切面视图如图6-29所示。

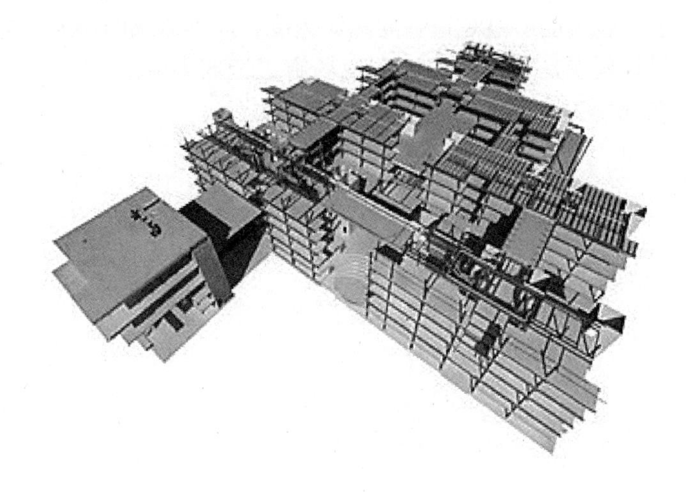

图6-29　3D模型的切面视图

（三）方法

根据设计文件，服务团队制作了一个完整的3D虚拟工程模型，该模型包含了建筑、结构和机电方面的设计数据信息。该模型能够使使用者直观地理解项目、清楚地了解构造和有效地进行沟通。

项目团队编制了一个非常详细的冲突分析报告，该报告显示了在整个设计中有260处冲突需要处理。通过将建筑、结构和机电专业的数据信息归纳到一个3D模型中，该模型能有效地减少了设计冲突，并被证明对于设计和施工团队而言是一个极其有价值的工具。

通过从3D模型得到的数据，项目团队可以迅速了解基于模型的准确工程量。另外，也可以使项目团队能够制定出基于施工模型各部位的最优化进度计划，对造价和施工人员的生产效率作出评估等。通过这些手段，项目团队可以确保不会遗漏任何的工程量的计量和制定出最优的进度计划。工程的4D进度模拟如图6-30所示。

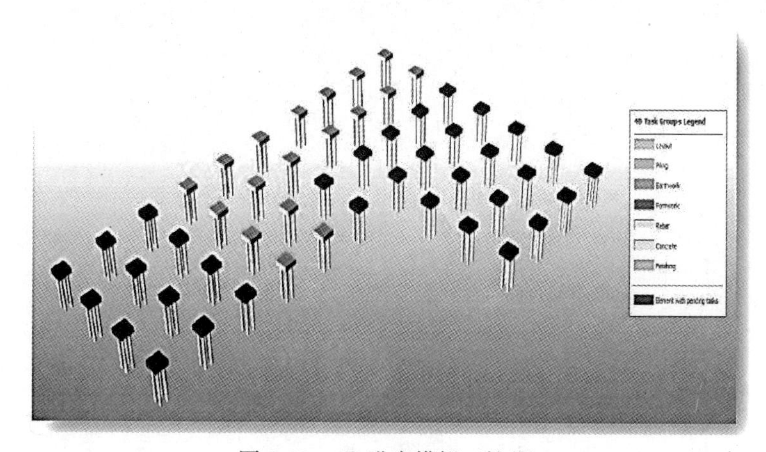

图6-30　4D进度模拟（桩基）

(四) 收获

该工程通过使用BIM的虚拟施工模型，有效地解决了各种协调方面的问题，避免了类似问题造成的成本和进度的浪费。芬兰的建筑师阿尔托这样评价："我们能越早发现施工过程中潜在的问题，也就能够避免这些问题对进度、成本造成的损失。就像我们现在已经可以很容易了解设计延误是如何对进度和现场施工造成影响的一样。BIM技术的另一个优势是能够用于在现场对施工流程进行交流和讨论。"

第七章　典　型　案　例

第一节　工程监理与项目管理一体化案例

一、工程概况及特点

（一）工程概况

本工程由马来西亚外商独资开发建设，建设地点位于上海市普陀区内环内，建设总用地面积约 5.2 公顷，总建筑面积约 23 万 m^2，由 1 幢综合性商业广场和 6 幢高层商品住宅组成。其中，1 幢综合性商业广场是由 24 层办公楼和 21 层星级酒店式公寓楼及 5 层裙房大型综合性商业广场组合而成，地下建筑为三层商业和停车库，建筑面积约 11.5 万 m^2。6 幢高层商品住宅为 31 层，配建地下二层停车库及专设地下二层人防工程，建筑面积约 10.5 万 m^2。项目配套公共建筑有全日制幼儿园和 35kV 变电站各一座。项目实施分期开发建设，从 2003 年初启动拆迁至 2009 年初竣工验收完成交付使用，总建设期 6 年，工程总投资约 15 亿元人民币。工程总平面图如图 7-1 所示。

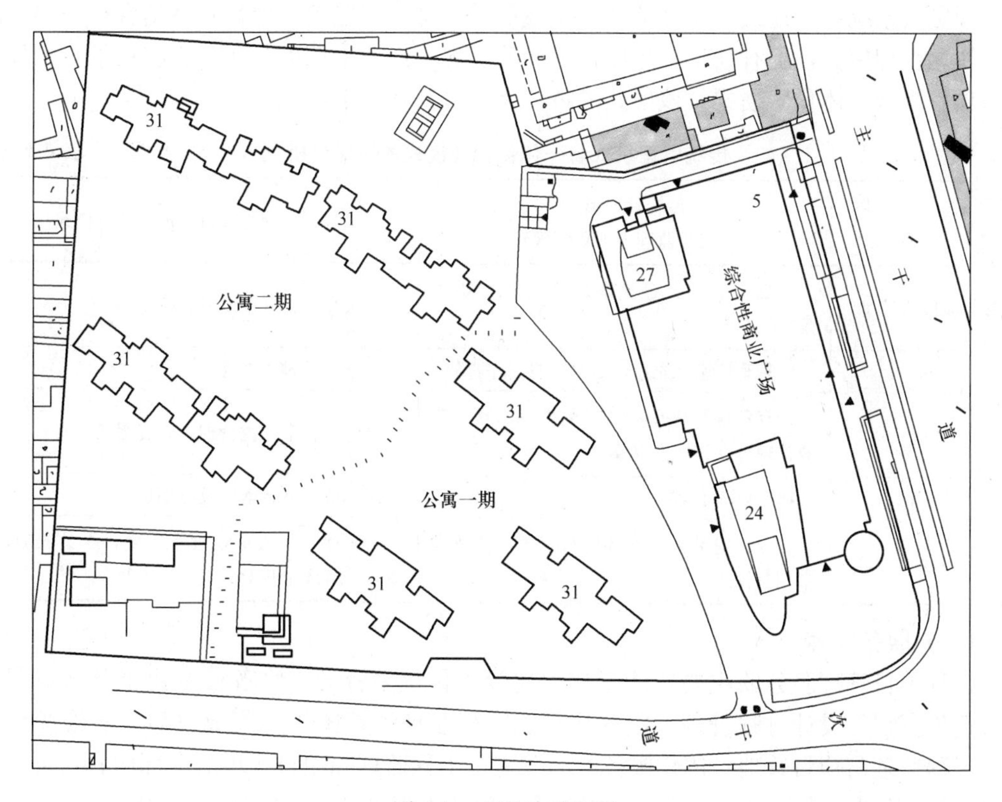

图 7-1　工程总平面图

（二）工程特点及难点

大型综合性商住工程是一个十分复杂的系统工程，业主对工程投资、质量、进度、安全要求非常高，在各个阶段、各个专业都聘请了专业顾问协助业主进行有针对性的管理。本工程的主要特点及难点如下：

（1）本工程集办公、酒店、商业、住宅、文化娱乐为一体，业态布局复杂、功能性要求高。

（2）本工程为马来西亚外商在上海投资开发建设的第一个工程，参建单位和专项顾问单位众多。仅顾问单位就达到20余家，主要有境外建筑设计顾问、结构顾问、装饰设计顾问、机电顾问、弱电顾问、消防顾问、影音顾问、灯光顾问，幕墙顾问和造价（QS）顾问等。

（3）本工程开发建设周期时间较长，全过程项目管理的组织与策划、协调与沟通、管理与控制的工作量大，且管理难度大。

（4）在整个建设过程中，随着房地产市场逐步发展与需求变化，对本工程的业态布局、功能定位等方面产生较大影响，业主对工程实施方案进行不断的调整并实施较大变更，给整个工程的进度、质量、成本等目标的管理及控制带来很大的困难和挑战。

二、工程监理与项目管理一体化的特点及服务内容

（一）特点

与单独的工程监理、项目管理服务相比，工程监理与项目管理一体化对整个工程项目的管理更具系统性、连续性和完整性。实践证明，将工程监理与项目管理结合在一起，形成一体化管理模式，更有利于工程项目目标的实现。经业主认可，本工程实行了“工程监理与项目管理一体化”模式。该模式的特点见表7-1。

传统管理模式与一体化管理模式的对比分析 **表7-1**

内容＼模式	传统管理模式（工程监理＋项目管理）	工程监理与项目管理一体化模式
参与项目的时间	一般有先后，容易造成管理的间断和延时	一次介入、管理及时到位
信息	收集和传递有先后，易出现偏差和遗漏	完整、及时、准确
管理	既有各自侧重点，又有重叠点，容易造成管理盲点和扯皮现象	全过程、全方位管理，职责明确
协调	协调效率不高	协调效率高，落实及时到位
人员	二套管理班子，人员相对较多，管理成本相对较高	一个团队，人员设置不重叠，人员相对较少，管理成本相对较低

（二）服务内容

工程项目管理服务的主要职能是代表建设单位统筹资源，将各种专业服务（前期策划、造价控制、设计过程管理、招标代理、工程监理和审图等）集成以后，实施综合管理。工程监理与项目管理一体化服务范围覆盖了工程监理和项目管理的全部内容，可实现1＋1＞2的实效，在做好全面管理的同时也给委托方带来明显的服务增值效应。

工程监理与项目管理一体化模式的中心目的是协助业主实现建设工程总目标。实现建设工程总目标是一个系统管理过程，不同于单独的工程监理或项目管理服务，它需要根据总目标制定相应的管理计划，并策划项目的各项管理内容。工程监理与项目管理一体化服务单位除自身完成相应的专业服务外，还要担当起项目组织策划工作，在工程建设全过程中发挥指导、协调、监督等主导作用。

工程监理与项目管理一体化服务主要包括以下内容：

（1）项目组织管理：这是一体化管理模式的首要工作任务，也是首先必须解决的问题。在介入工程项目管理的初期，详细了解业主的目标及需求后，经过与业主沟通，策划整个工程项目的组织架构，并形成合同管理网络图。具体包括工程项目的组织构架、施工承包模式的组织构架，和与之对应的一体化管理团队构架。

（2）项目进度管理：这是一体化管理工作的主线。策划工程项目进度计划体系，体现参与各方的总体计划目标，涵盖工程项目整个开发建设过程所有工作内容，体现项目进度管理的主要里程碑节点，突出工程项目全过程一体化管理各项职能工作。如前期报批手续、招投标策划、设计进度、参与单位的进场时间和工作内容衔接等。

（3）项目成本管理：一体化管理者要有高度的成本控制意识，保障业主的利益，满足其对工程项目管理的成本目标要求。

1）采用积极的预控方法进行成本控制，根据建筑市场的成本经验数据，结合工程设计情况（类型、规模、标准等）将工程的主要成本构成按合同网络进行分解，形成工程项目成本控制总目标及资金使用计划。该计划及所有细化的成本预算指标在项目前期作为指导设计单位控制设计标准的主要依据，同时也将作为此后工程招标时可承受报价的上限。

2）在编制项目成本控制计划的基础上，对照项目进度计划内容，并依据拟定各类合同付款的具体条件（分期支付安排）编制工程项目的年度、季度或月度资金需求计划。便于业主掌握工程进度款的支付进程，进行筹资融资安排。

3）加强工程招标和合同的研究，通过招标文件和合同条件来控制工程造价。

4）进行施工过程中的成本控制，即主要控制管理设计变更和施工变更。

（4）项目设计管理：建立健全设计管理流程，主要加强对设计质量和进度两方面的管理。重点审查施工图的质量，从安全功能、使用功能、各专业之间的界面、接口的划分和衔接等方面认真细致地审图。同时，通过建立完善的设计管理制度，使设计单位参与到工程材料、设备产品质量和施工质量的监督检查过程中，确保工程实体质量达到和符合工程设计要求。根据项目总进度计划目标，策划编制设计进度计划和专项设计进度计划，重点控制设计阶段的设计方案征询、扩初设计、施工图设计的出图进度和施工图审图的进度。

三、工程监理与项目管理一体化的组织构架

（一）项目组织构架

根据本工程特点，建立以业主为主导，工程监理与项目管理一体化服务单位为核心，相关顾问单位（含设计单位）为技术支撑，总承包单位为实施主体的项目组织构架。如图7-2所示。

项目的组织构架充分体现了以业主为主导的决策职能，以项目管理为核心的管理与监

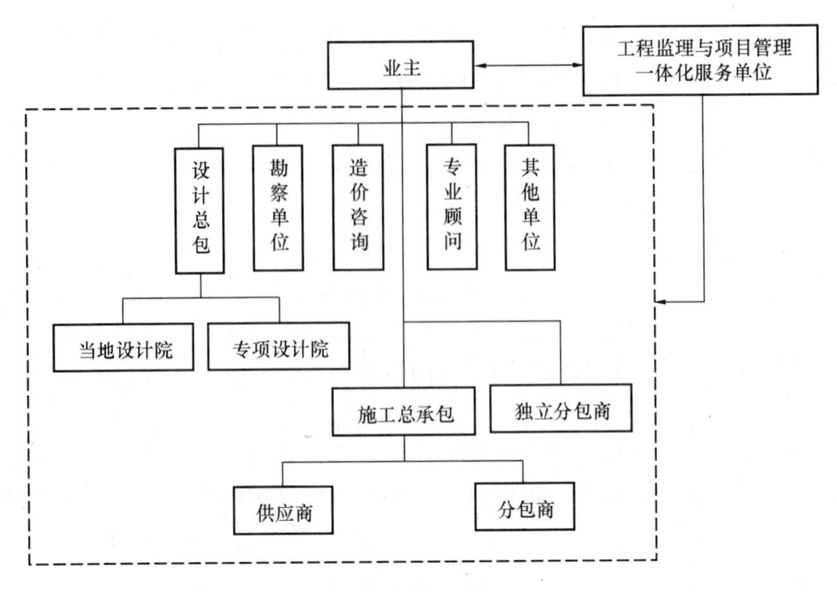

图 7-2　组织构架图

控职能，以顾问单位为技术咨询的服务职能，以政府主管职能部门为监督的审核职能，以总承包单位为实施主体的项目系统性管理原则。

（二）管理团队构架

根据工程监理与项目管理一体化协议约定的服务内容及要求，工程监理与项目管理一体化服务单位建立以项目经理为负责人的项目团队管理构架（图 7-3），项目经理（总监理工程师）负责组织编制工程监理与项目管理一体化服务手册，包括监理规划和监理实施细则，做到分工明确、职责清晰，责任到位，避免人员和岗位不必要的重叠设置，以确保管理团队内部各项工作高效、务实地正常运作。

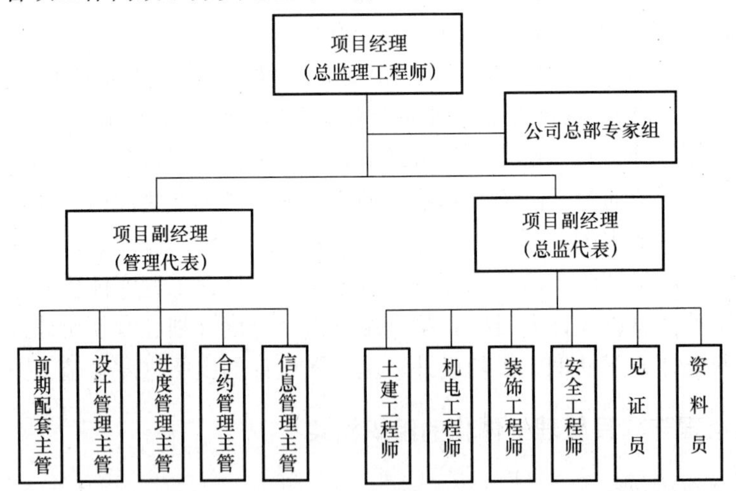

图 7-3　管理团队构架

在六年的开发建设过程中，随着项目进展阶段的不同和管理关注的重点不同，管理团队构架经过了不断调整与完善。六年的实践说明，这种构架基本满足了业主对项目管理和工程监理的各项工作要求，同时也符合国家有关法律法规要求。

四、施工阶段之外的一体化管理工作

（一）招标阶段

在工程招标阶段，开展以下工作：

（1）组织设计及顾问单位提供招标工程相应的图纸及技术要求等文件，清晰地列明招标工程范围、界面划分、技术要求说明等，以便招标代理单位编制招标文件。

（2）组织协调招标代理单位做好工程量清单及标底的编制、工程招标文件的编写及相应合同条款拟定、回标分析等工程招标代理工作。同时，要求招标代理单位进行回标分析时，重点分析投标单价和费用与标底的价差、主要材料消耗量指标与单价等合理性分析，做到合理低价中标，避免投标单位以低于成本价恶意竞争。

（3）组织全过程招标工作，通过充分竞争使每个招标分项工程有合理的合同价款。

（4）建议在合同中约定中期付款时必须抵押安全、质量、进度保证金的比例。

对投标单位的资质要求、技术标书、设备材料采购的技术标准规范及相关案例的考察等方面给予专业建议，使业主在投标单位选择和招标过程中做到有的放矢，并能缩短招标周期，避免后续施工过程中产生矛盾。施工招标阶段，一体化管理模式与传统管理模式的工作内容对比见表7-2。

招标阶段一体化管理模式与传统管理模式工作内容对比　　表7-2

管理模式	传统管理模式	一体化管理模式
工作内容	项目管理： 策划招投标进度计划 拟定招投标管理流程 组织落实招标文件、清单编制 组织落实招标图纸的准备 组织邀请、发标、开标、询标、评标、定标全过程 组织合同签订等工作 工程监理： 一般不参与	策划招投标进度计划 拟定招投标管理流程 组织落实招标文件、清单编制 组织落实招标图纸的准备 参与招标文件（技术标）的拟定 组织邀请、发标、开标、询标、评标、定标全过程 参与询标文件的拟定 参与投标文件（技术标）的评审 组织合同的起草和签订等工作

注：上述一体化管理者参与技术标的拟定、评审是指从专业技术角度参与。如在桩基工程招标中，编制的招标文件（技术标）“投标人提供机械配置清单”基础上要求增加“同时提供各种机械具体参数”。投标文件评审中，一体化管理者据此复核投标单位机械配置是否复核现场临电、临水容量，并提出相应的管理要求；同时协助分析各投标单位机械选用对桩基施工质量的影响，结合机械配置的造价信息，综合评定性价比最高的投标单位，为业主最终选定单位提供了科学的依据。

（二）设计阶段

一体化管理者在设计之初需建立设计管理构架，编制设计管理流程，组织编写设计任务书，组织设计招标。同时，一体化管理者还需做好以下工作：

（1）编制设计管理进度计划，包括从项目设计方案、扩初设计、施工图设计，一直到施工图审图等相关政府主管部门报审、批复手续办理时间的进度安排。

（2）审核设计单位（含专业顾问）合同的责任和义务，重点关注其合同的工作界面、质量与进度约束、违约责任等，建议业主在合同中约定其配合相关顾问方的义务，以及由此对等的权利。为避免设计单位与专项设计单位（幕墙、弱电、装饰等专业）之间范围与职责不清，需编制项目利益相关者职责分配表。

（3）妥善处理设计界面，重点关注以下几个方面：地下人防与地下主体建筑、结构、机电设计界面；地下部分与地上部分的设计界面（人防工程）；消防报警与弱电系统、公共安全系统设计界面；弱电系统与应急照明系统设计界面；幕墙与主体结构及室内装饰设计界面；外总体及景观与主体建筑结构设计界面等。

（4）专项设计与建筑/机电设计之间的接口衔接处理，提出如下建议：幕墙与装饰之间收口，由装饰设计负责；供配电、市政给水、煤气等的设计由各专业设计单位负责，但要注意与主体设计单位的协调统一；强电系统接口在各楼层面管弄井和机房内配线箱内设置；空调系统主管道与装饰接口在楼层面和室内井道处按一定装饰设计标高设置等。

（5）协调设计进度与施工进度的矛盾。由于相关设备尚未招标，安装尺寸不能确定，要求设计单位提供解决方案，如采用预埋件或结构、建筑二次预留方法。对于专项设计未完成施工图时，需要建筑施工图中体现各专项设计所需预埋件及预留沟、槽、孔位置，以不影响土建施工进度为前提，尽可能减少施工过程中的设计变更。

（6）检查设计文件的完整性，包括：设计说明和施工说明等文件，各种专业设计图、规范、模型及相应的概算文件，设备清单和工程各种技术经济指标要求，以及设计依据和条件等说明文件。

（7）审查施工图相关机电点位布置图做到无遗漏、无重复、无错位。如进出风口、消防烟感报警、喷淋、强电、应急广播、智能化防控系统的点位和标高，并符合相关设计规范和标准。

（8）检查设计中可能存在的问题：技术设计没有考虑到施工的可能性、便捷性和安全性；设计中未考虑将来运行中的维修、设备更换、保养的方便；设计中未考虑运营的安全、方便和运行费用的高低；设计基本资料不详实或深度不够。

传统管理模式，监理人员一般不介入设计阶段，从而缺少从可施工性的角度对设计提出专业建议，使得设计图纸在施工实际可操作性方面不够完善，导致施工阶段发生的设计变更较多，工程进度和质量目标的控制都得不到保障。一体化管理模式中，因为有专业监理工程师参与到设计管理中，对设计图纸从可施工的角度提出大量有建设性的建议，从而减少了施工中的设计变更，使各项目标更便于得到控制。两者对比见表 7-3。

设计阶段一体化管理模式与传统管理模式的工作内容对比　　表 7-3

管理模式	传统管理模式	一体化管理模式
工作内容	项目管理： 确定设计管理构架和流程 策划设计进度计划 选择设计单位 组织设计协调 审查设计成果 组织设计报批及审图（政府部门） 管理设计变更 监理： 一般不参与管理 仅参与设计交底会，发现设计问题也交由业主协调	确定设计管理构架和流程 策划设计进度计划 选择设计单位 组织设计协调 从施工、工艺角度提出设计要求 审查设计成果 从施工、工艺角度给出审查建议 组织设计报批及审图（政府部门） 协调设计与施工关系 从施工、工艺角度给出设计建议 管理设计变更

注：一体化管理者能从施工工艺角度提出各专业意见主要是因为其直接参与到施工现场管理过程中。如本项目扩初设计时，酒店式公寓建筑层高仅为 3.0m，在 2006 年确定酒店管理公司后，酒店管理公司基于品质的考虑，要求室内装饰净高不得低于 2.5m。为此，先组织相关专业顾问和设计院进行多方案论证和讨论，提出了“现浇混凝土空心楼盖结构”——无梁楼盖形式的设计方案（图 7-4），可使建筑净高达到 2.75m。咨询相关厂家后，发现施工过程中空心管膜容易上浮，无法保证施工质量。经研究，又从施工角度提出在钢筋网上设立支架，将空心管膜用铁丝绑定在支架上的方案，较好地解决了施工问题，从而既使设计满足了使用要求，又解决了实际施工中的问题。

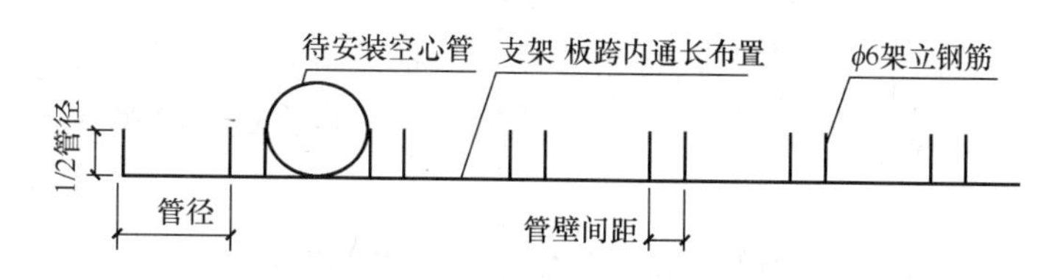

图 7-4　现浇混凝土空心楼盖结构示意图

（三）竣工验收备案阶段

一体化管理既能实现对工程建设全过程实施宏观和系统的管理，又能按照监理工作要求在施工现场对工程实施微观管理。在此阶段，一体化管理开展以下工作：

（1）对项目竣工备案验收进行策划，编制项目竣工验收备案程序，编制验收手册，邀请业主、物业单位参与验收，落实各项整改要求。

（2）组织物业交接验收，与物业管理公司商定各项验收标准，组织验收程序，落实使用培训计划，并提供质量缺陷清单等移交资料。

传统管理模式中，在施工阶段由于对工程监理与项目管理的关系缺乏清晰的定义，二者管理职能在此阶段不可避免地重复和交叉，容易产生扯皮及管理错位现象。一体化管理模式可避免和减少上述问题的发生。由于一体化管理模式比传统管理模式在管理程序上更精简，使管理效率得到提高（表 7-4）。

五、一体化管理的经验总结

通过一体化管理模式的实践，对全过程项目管理有了进一步认识，项目管理人员和工程监理人员都提高了主动服务于业主和项目的意识。一体化管理模式既满足了业主的高标准高要求，也为业主带来实实在在的增值服务，最终得到了业主的高度评价。

（一）优化资源、降低成本、提高效率

实行一体化管理，有利于管理上的有机结合，从而真正实现管理团队的合二为一。一体化管理不仅使得人力资源配置得到进一步优化，而且使各项管理工作更加细化、更加明确，既从宏观上达到对项目的管理与控制，又从微观上对项目现场施工实施了真正有效的管理。同时，避免了管理层次的重复设置和工作内容的相互重叠，避免了职责不清、相互扯皮现象的产生，管理人员精简而工作高效，大大节省了人力资源，降低了管理成本。

（二）统一信息标准、加快流转速度

一体化管理，使信息的采集、反馈、归档都在同一起点或同一层面上，要求一致、标准统一，使管理体系直线扁平化，加快信息流转的速度，反馈及时，有效地提高了工作效率。

（三）培养复合型管理人才

一体化管理，使项目管理团队成员能充分发挥各自特长，相互学习，有利于培养一技多能的复合型管理人才。

（四）推行一体化管理模式任重而道远

目前，建筑市场各方对一体化管理认知程度还不高，工程监理与项目管理服务范围及管理职能的界定与划分还不是很清晰，一体化管理的项目组织构架及管理方式、管理流程、实施细则等还有待通过工程实践不断完善。由于优秀人才的不足，特别是复合型人才缺乏，项目经理（总监理工程师）的综合素质（包括兼备领导能力、管理能力、技术能力等）有待提高。本工程只是在一体化管理模式方面做了点尝试，该模式的推广还需要业内同行的共同努力。

工程竣工验收备案阶段的工作内容对比　　　　表 7-4

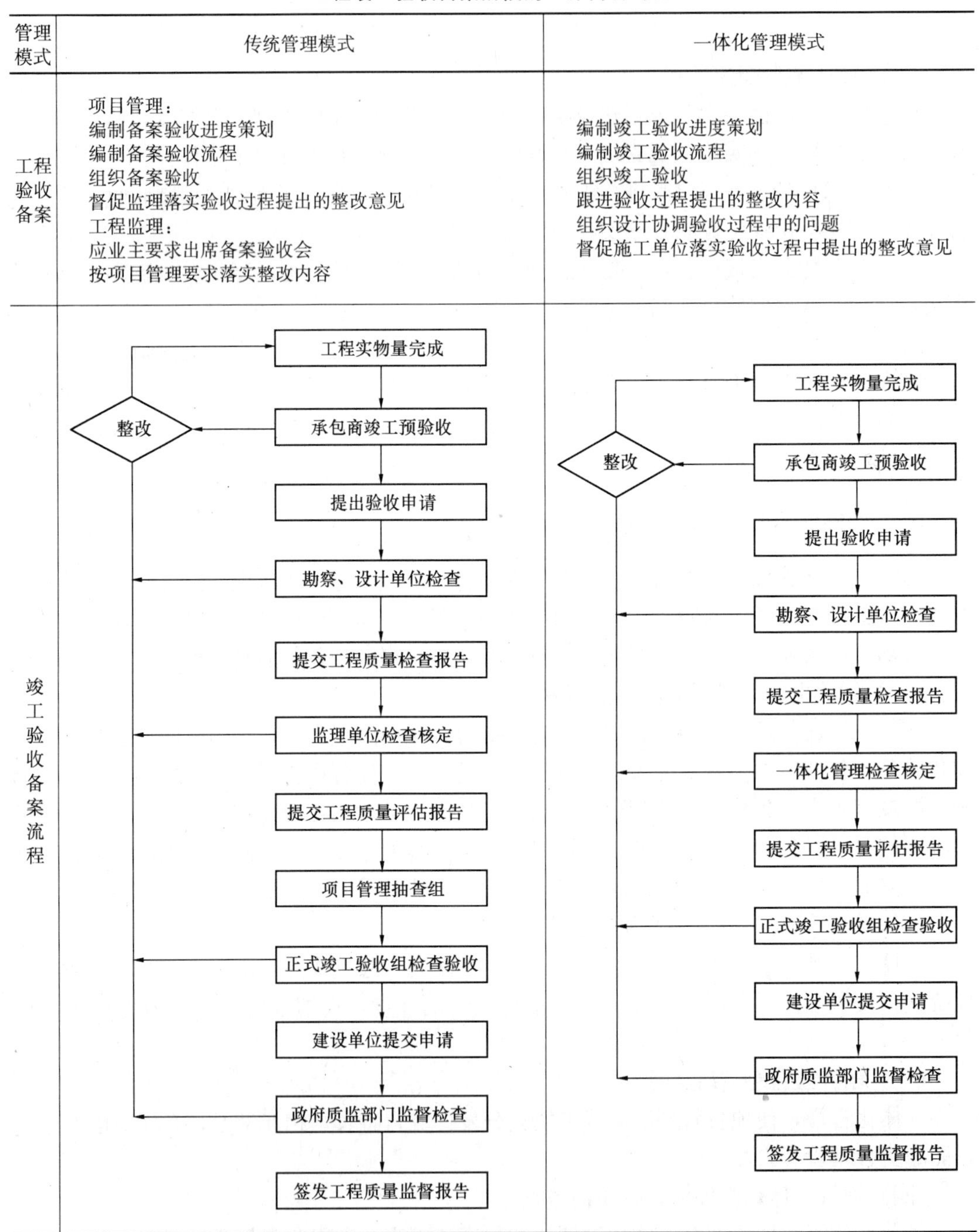

管理模式	传统管理模式	一体化管理模式
工程验收备案	项目管理： 编制备案验收进度策划 编制备案验收流程 组织备案验收 督促监理落实验收过程提出的整改意见 工程监理： 应业主要求出席备案验收会 按项目管理要求落实整改内容	编制竣工验收进度策划 编制竣工验收流程 组织竣工验收 跟进验收过程提出的整改内容 组织设计协调验收过程中的问题 督促施工单位落实验收过程中提出的整改意见
竣工验收备案流程	工程实物量完成 承包商竣工预验收 提出验收申请 勘察、设计单位检查 提交工程质量检查报告 监理单位检查核定 提交工程质量评估报告 项目管理抽查组 正式竣工验收组检查验收 建设单位提交申请 政府质监部门监督检查 签发工程质量监督报告 整改	工程实物量完成 承包商竣工预验收 提出验收申请 勘察、设计单位检查 提交工程质量检查报告 一体化管理检查核定 提交工程质量评估报告 正式竣工验收组检查验收 建设单位提交申请 政府质监部门监督检查 签发工程质量监督报告 整改

注：在传统管理模式中，验收流程是由业主（项目管理单位）组织，监理单位参与；而在一体化管理体系中，一体化管理者全程参与工程质量验收、流程组织，包括组织竣工备案前的消防验收、规划验收、环保验收、档案验收等各项政府职能部门的验收工作。

第二节　安全生产管理案例

一、工程建设总体情况

（一）工程概况

某迁建工程位于某市历史风貌保护区，基地周边均为优秀历史保护建筑，紧邻已建成的地铁区间隧道及其旁通道。总建筑面积约19950m^2，其中地上2层，建筑高度18m，建筑面积约5270m^2；地下4层，基坑开挖深度15.7m，建筑面积约14680m^2，建筑密度为28%，绿化率为30%。建筑功能布局包括一个1200座大排演厅、400座小排演厅，公共区、乐团管理办公区、行政办公区及设备停车场五个部分。为实现将该工程建成具有世界级建声水准、音质效果一流的交响乐排演厅，采用了多项国际先进的建声、隔振、隔声等技术措施。

（1）主要结构形式。基础形式采用钻孔灌注桩加筏板基础，地下室采用钢筋混凝土框剪结构体系，大、小排演厅采用剪力墙“房中房”嵌套结构、弹簧隔振和中空墙隔声等结构体系。

基坑呈不规则矩形，东西向长约170m，南北向最宽处约66m。根据建筑功能布局和地质情况，基坑分为深坑和浅坑，开挖深度分别为15.7m和12.4m。基坑工程采用地下连续墙围护结构，四道钢筋混凝土支撑体系，明挖顺作法方式施工。

（2）工期及参建单位。建设周期为2009年10月～2013年12月。主要参建单位建筑声学顾问：某音响公司。建筑设计：某工作室。国内设计配合：某建筑设计研究院。施工单位：某建筑有限公司。监理单位：某工程咨询有限公司。

（二）安全生产的特点和难点

（1）周边环境复杂的深基坑工程。紧邻已建成的地铁区间隧道及其旁通道，又紧邻众多对变形敏感的年代久远的优秀历史保护建筑，须严格控制基坑开挖引起的周边建筑沉降以及对地铁设施的变形影响，保证周边环境的安全。

（2）高大模板工程及支撑体系。大排演厅顶板混凝土模板支撑体系搭设高度31.9m，跨度50m×39m，小排演厅顶板混凝土模板支撑体系搭设高度23.9m，搭设跨度32m×21m。

（3）单件起吊重量大，非常规起重方法多。大排演厅内最大反声板单块重约300t，同时声学装修、舞台灯光及舞台机械施工需采用较多非常规的起重方式。

（三）合同约定的安全目标和要求

施工总承包合同中约定的安全文明生产目标：杜绝重大安全事故，无管线事故，无火灾事故，人员零伤亡事故，获某市安全文明工地称号，同时，约定施工总承包单位须获得市级安全文明工地，如未达到，处以工程总造价的1%的罚款。

建设工程监理合同中约定的安全文明监理目标：杜绝监理责任安全事故，严格执行《建设工程安全生产管理条例》、《关于落实建设工程安全生产监理责任的指导意见》等相关要求及安全文明生产法律法规，督促创建文明工地，同时约定督促施工总承包单位获得市级安全文明工地。

二、施工前期安全生产管理的监理工作

（一）建立生产安全管理的监理责任体系

根据建设工程安全生产管理法律法规、规范规程及本公司贯标文件的要求，建立项目监理机构安全生产管理责任体系，包括：总监理工程师、专业监理工程师和监理员三个层次。

项目监理机构各层次监理人员的安全生产管理职责如下：

1. 总监理工程师的安全生产管理职责

（1）全面负责项目监理机构的安全生产管理工作；

（2）明确项目监理机构中各岗位监理人员的安全生产管理职责；

（3）检查项目监理机构中安全生产管理工作制度的落实情况；

（4）组织编写包含安全生产管理工作内容的项目监理规划，审批监理实施细则；

（5）组织审查施工组织设计中的安全技术措施、专项施工方案和应急救援预案；

（6）签发工程暂停令，并同时报告建设单位。

2. 专业监理工程师的安全生产管理职责

（1）在总监理工程师领导下，参与项目监理机构的安全生产管理工作；

（2）负责编制本专业监理实施细则，并报总监理工程师审批；

（3）负责审查施工单位的资质证书、安全生产许可证、三类人员证书，检查施工单位工程项目安全生产管理规章制度、安全生产管理机构的建立情况，参与审查施工组织设计中的安全技术措施、专项施工方案和应急救援预案；

（4）负责审查施工单位报送的危险性较大的工程清单和需经项目监理机构核查的起重机械和自升式架设设施的验收手续；

（5）协助审核施工单位安全防护、文明施工措施费用的使用情况；

（6）负责对专项施工方案实施情况进行定期巡视检查和记录，发现安全事故隐患及时报告总监理工程师并参与处理；

（7）填写监理日志中安全生产管理方面的监理工作，参与编写监理月报；

（8）协助总监理工程师处理施工安全事故中涉及的监理工作；

（9）提供与其职责有关的安全生产管理资料。

3. 监理员的安全生产管理职责

根据项目监理机构岗位职责安排，在本专业范围内，检查施工现场安全生产状况，发现事故隐患，及时报告专业监理工程师或总监理工程师，并做好检查记录。

（二）建立安全生产管理工作制度

为履行监理职责、确保监理工作质量，保证安全生产管理工作的有效性和针对性，防止发生重大安全事故及对施工中存在的安全隐患和发生的安全事故进行及时有效的处理，根据工程特点，项目监理机构主要制定了以下安全生产管理工作制度。

1. 安全生产管理工作责任制度

（1）总监理工程师对项目监理机构的安全生产管理工作全面负责；

（2）专业监理工程师负责与本专业有关的安全生产管理工作；

（3）监理员负责本专业范围内的施工现场安全生产状况检查及记录，发现问题及时报

告专业监理工程师或总监理工程师。

2. 监理例会制度

（1）每周定期召开由总监理工程师主持，建设单位项目负责人，施工单位项目经理、项目工程师，项目监理机构总监代表、各专业监理工程师等参加的监理例会。根据实际需要，必要时召开安全生产专题会议。

（2）每周定期召开由专业监理工程师主持，总包单位及各分包单位专职安全生产管理人员参加的安全生产管理监理例会。

3. 审查核验制度

（1）开工前，由总监理工程师主持。专业监理工程师负责审查施工组织设计中的安全技术措施、专项施工方案和应急救援预案；

（2）开工前，专业监理工程师核查施工单位安全生产管理制度及安全生产规章制度的建立和落实；审查总、分包单位资质及人员资格、特种作业人员操作上岗证书及其合法有效性、安全生产协议；负责审核安全防护及文明施工措施费用使用情况等；

（3）起重机械进场使用前，专业监理工程师审核起重机械设备清单；

（4）参与施工单位对起重机械的验收，主要审核施工单位验收人员的资格及验收程序。

4. 督促整改制度

（1）监理工程师通知单。针对监理过程中发现的安全事故隐患，及时签发监理工程师通知单督促施工单位进行整改；

（2）专题会议。根据施工现场安全生产管理的需要，及时召开由总监理工程师或专业监理工程师主持，建设单位及施工单位相关管理人员参加的专题会议，督促施工单位及时落实整改措施；

（3）工程暂停令。项目监理机构发现施工现场存在严重安全事故隐患，以及施工现场发生重大险情或安全事故时，由总监理工程师及时签发工程暂停令，按实际情况指令局部停工或全面停工。

5. 报告制度

（1）监理员对发现的施工现场安全事故隐患，应及时向专业监理工程师或总监理工程师报告；

（2）专业监理工程师发现施工现场存在严重的安全事故隐患应及时报告总监理工程师；

（3）总监理工程师对施工现场发生的安全事故及时向建设单位及监理单位负责人报告，必要时向建设行政主管部门报告；

（4）项目监理机构每月底定期编制监理月报，并报送本监理单位和建设单位。

6. 危险性较大的分部分项工程安全生产管理制度

（1）专业监理工程师负责审查施工单位报送的危险性较大的工程清单，并建立危险性较大分部分项工程一览表；

（2）开工前，由总监理工程师主持，专业监理工程师负责审核施工单位提交的专项施工方案；

（3）由专业监理工程师负责编制有针对性的监理实施细则；

（4）由专业监理工程师负责就监理实施细则向相关监理人员交底；

（5）危险性较大分部分项工程施工作业过程中，专业监理工程师负责巡视检查并填写巡视记录，发现问题及时报告总监理工程师并参与处理。

7. 资料管理与归档制度

根据有关标准要求，由专职人员建立并管理监理文件资料。

8. 内部学习和培训制度

（1）不定期组织项目监理机构相关监理人员参加建设行政主管部门和本单位的安全教育和培训；组织相关监理人员学习有关安全生产的法律、法规、规范、规程等；

（2）根据需要，组织相关监理人员进行安全生产管理工作的经验交流和总结，并邀请相关专业人士参加。

（三）编制监理规划

由总监理工程师主持，各专业监理工程师共同完成监理规划的编制。监理规划经监理单位技术负责人审批后，在第一次工地会议之前，报送建设单位备案。

监理规划中安全生产管理方面应包括以下内容：

（1）工程概况及安全管理特点、重点；

（2）安全生产管理的方针和目标；

（3）安全生产管理的工作依据；

（4）安全生产管理的组织机构及职责；

（5）安全生产管理工作程序；

（6）安全生产管理主要工作内容及范围；

（7）安全生产管理工作制度及措施；

（8）初步认定的危险性较大的分部分项工程一览表和安全生产管理监理实施细则编写计划；

（9）初步确定的需办理验收手续的起重机械和自升式架设设施一览表；

（10）根据规定需要项目监理机构验收的其他机械。

根据《危险性较大的分部分项工程安全管理办法》（建质［2009］87号）的规定和要求，本工程初步认定的危险性较大的分部分项工程和安全生产管理监理实施细则编写计划见表7-5。

危险性较大分部分项工程及安全生产管理监理实施细则编制计划　　表7-5

<table>
<tr><th>序号</th><th colspan="2">分部分项工程</th><th>方案是否需专家论证</th><th>拟编制细则</th><th>计划编制时间</th></tr>
<tr><td rowspan="2">1</td><td rowspan="2">基坑工程</td><td>基坑支护、降水</td><td rowspan="2">是</td><td rowspan="2">基坑支护、降水及土方开挖施工生产安全管理监理实施细则</td><td rowspan="2">2011.6</td></tr>
<tr><td>土方开挖</td></tr>
<tr><td rowspan="3">2</td><td rowspan="3">起重吊装及安装、拆卸工程</td><td>起重机安装、拆除</td><td>是</td><td>起重机安装、拆除及吊装施工生产安全管理监理实施细则</td><td>2011.4</td></tr>
<tr><td>地下连续墙钢筋笼吊装</td><td>否</td><td>地下连续墙钢筋笼吊装生产安全管理监理实施细则</td><td>2010.3</td></tr>
<tr><td>反声板吊装</td><td>是</td><td>反声板吊装施工生产安全管理监理实施细则</td><td>2013.5</td></tr>
</table>

续表

序号	分部分项工程	方案是否需专家论证	拟编制细则	计划编制时间
3	拆除工程（基坑支撑拆除）	否	基坑支撑拆除生产安全管理监理实施细则	2011.12
4	模板及支撑体系	是	主体结构模板及支撑施工生产安全管理监理实施细则	2011.12
5	脚手架工程	是	脚手架施工生产安全管理监理实施细则	2011.12
6	建筑幕墙安装工程	否	幕墙安装施工生产安全管理监理实施细则	2012.10

（四）编制安全生产管理监理实施细则

1. 编制依据

对危险性较大的分部分项工程，应编制专项监理实施细则。专项监理实施细则的编制遵循“针对性、可行性和可操作性”的原则，编制依据包括：

（1）现行相关法律法规、部门规章、工程建设强制性标准和设计文件；

（2）监理规划；

（3）施工组织设计中的安全技术措施、专项施工方案和专家组评审意见。

专项监理实施细则主要包括以下内容：

（1）相应工程概况；

（2）相关的强制性标准要求；

（3）安全生产管理要点，检查方法、频率和措施；

（4）监理人员工作安排及分工；

（5）检查记录表。

2. 强制性条文汇总

本工程在基坑支护、降水及土方开挖施工前，根据相关标准、专项施工方案和专家组评审意见等，专业监理工程师编制了基坑工程监理实施细则，细则中对《施工现场临时用电安全技术规程》JGJ 46—2005、《建筑机械使用安全技术规程》JGJ 33—2001 和《建筑施工土石方工程安全技术规范》JGJ 180—2009 等中的强制性条文进行详细、具体的汇总。

如对《建筑施工土石方工程安全技术规范》JGJ 180—2009 中适合本工程的强制性条文汇总如下：

（1）第 2.0.2 条：土石方工程应编制专项施工安全方案，并应严格按照方案实施。

（2）第 2.0.3 条：施工前应针对安全风险进行安全教育及安全技术交底。特种作业人员必须持证上岗，机械操作人员应经过专业技术培训。

（3）第 2.0.4 条：施工现场发现危及人身安全和公共安全的隐患时，必须立即停止作业，排除隐患后方可恢复施工。

（4）第 6.3.2 条：基坑支护结构必须达到设计要求的强度后，方可开挖下层土方，严禁提前开挖和超挖。施工过程中，严禁设备或重物碰撞支撑、腰梁、锚杆等基坑支护结构，亦不得在支护结构上放置或悬挂重物。

同时根据本工程特点，实施细则中对生产安全管理要点分别从基坑开挖施工前、基坑开挖施工过程中、基坑工程发生险情进行有针对性的细化，并分别设定了相应的控制目标、检查方法和工作措施。

3. 基坑开挖施工前的管理要点

(1) 检查设计、施工方案的审批意见和专家评审意见的落实情况；开挖、堵漏方案的讨论和交底情况；

(2) 审查各分包单位资质和人员资格的情况；

(3) 核查人员、机械、支撑的到位情况；挖土、支撑协同的现场管理制度的建立情况；

(4) 检查卸土点落实及途径手续的办理情况；

(5) 检查应急预案的落实，现场抢险设备、材料、人员的落实；

(6) 检查监测点的布置和初始值的测取；

(7) 检查围护结构施工阶段遗留问题的解决情况；围护结构和圈梁完成情况，是否已达到设计强度；

(8) 检查地基处理完成情况，是否符合设计要求；立柱桩的完成情况，检测情况是否满足设计要求；

(9) 检查降水、降压是否已满足设计施工工况；

(10) 检查施工现场排水措施的落实情况；

(11) 核查坑边堆土堆物和额外荷载情况；

(12) 检查周边建（构）筑物、道路、管线保护措施的落实情况。

4. 基坑开挖施工过程中的管理要点

(1) 土方开挖是否符合施工方案，放坡、作业平台设置是否规范；

(2) 土方开挖与排水、降水之间的协作、协调工作；

(3) 土方施工中的测量记录，测量点位的保护措施；

(4) 围护结构的渗漏情况，堵漏处理措施到位情况；

(5) 围护结构变形情况，防止过大变形的措施；

(6) 支撑的布置位置和时机是否符合设计和规范要求；

(7) 支撑与围檩、围护之间节点的处理；

(8) 支撑的偏差、系杆的布置情况；

(9) 排水、降水措施是否到位，降压是否满足设计施工需要；

(10) 降水监测是否到位，降压的现场管理制度是否落实；

(11) 监测点的布置和保护措施是否到位；

(12) 监测报表、监测报警制度的落实情况；

(13) 上下通道符合规范要求；

(14) 临时用电情况；

(15) 临边防护措施的到位情况；

(16) 坑边堆土堆物和额外荷载情况；

(17) 基坑作业环境，立足点、隔离防护措施、通风照明设施；

(18) 现场落手清、周边围挡牢固、整洁、美观;

(19) 现场道路平整、无积水、无污泥及便民措施。

5. 基坑工程发生险情的管理要点

(1) 及时开展险情信息的收集和报告;

(2) 初步判断发生险情的原因,督促有关单位实施抢险,防止险情进一步扩大;

(3) 参与抢险措施技术方案的讨论,督促抢险措施的落实;

(4) 掌握险情的发展动态并及时报告。

在整个施工过程中,根据细则中所汇总的强制性条文和设置的主要控制点进行有针对性的检查和记录,并将实际情况与控制目标进行及时对比,发现隐患及时采取有针对性处理措施,使得基坑工程施工过程中未发生任何安全事故,确保了基坑工程施工的安全有序进行。

三、施工准备阶段安全生产管理的监理工作

(一) 审查施工单位安全生产管理体系

重点审查施工单位安全生产管理体系的组织架构、资源配置、工作制度及措施等是否与工程规模及安全生产特点相适应,主要包括以下内容:

(1) 组织机构设置是否合理;

(2) 施工单位项目经理资格及专职安全管理人员配置数量是否符合相关规定和本工程要求;

(3) 项目管理部各职能部门及人员职责权限是否明晰、制度是否完善;

(4) 是否对危险源和不利环境因素进行辨识、评价和论证,并制定相应的有针对性的预防和控制措施;

(5) 各类人员安全教育和培训的内容及职能部门或责任人是否明确,安全员、特种作业人员应持证上岗;

(6) 施工机械及安全设施的验收规定。

其中,项目监理机构主要从以下两个方面审查施工单位项目经理和专职安全生产管理人员资格:

(1) 项目经理应具有注册的岗位证书,资格等级应与承包工程的规模相适应,应具有有效的安全生产考核合格证书;

(2) 专职安全生产管理人员应具有有效的安全生产考核合格证书,人数配备应符合相关规定。

项目监理机构在审查过程中发现,施工总承包单位的组织架构设置中仅配备了一名专职安全生产管理人员,而根据本工程规模,按照《建筑施工企业安全生产管理机构设置及专职安全生产管理人员配备办法》(建质[2008]91号文)要求应配备两名专职安全员。监理工程师将这一情况在审查意见中予以详细说明,要求施工单位增加一名专职安全生产管理人员,并及时督促施工单位进行落实。

(二) 审查施工单位安全生产管理制度

项目监理机构重点检查施工总承包单位(某建筑有限公司)报送的如下安全生产管理制度:

(1) 安全生产责任制;

(2) 安全生产教育培训制度；
(3) 操作规程；
(4) 安全生产检查制度；
(5) 机械设备（包括租赁设备）管理制度；
(6) 安全施工技术交底制度；
(7) 消防安全管理制度；
(8) 安全生产事故报告处理制度；
(9) 安全生产奖罚制度；
(10) 总包对分包管理制度。

(三) 审查危险性较大的分部分项工程清单

(略)

(四) 审查与安全生产有关的开工条件

项目监理机构重点审查了以下内容：
(1) 施工单位资质和安全生产许可证；
(2) 施工组织设计/专项施工方案；
(3) 进场机械、设备的验收手续；
(4) 特种作业人员上岗资格；
(5) 应急救援物资的准备与落实情况；
(6) 安全教育及交底情况；
(7) 临时用电验收情况。

(五) 第一次工地会议与安全生产有关的内容

第一次工地会议由建设单位主持，项目监理机构针对安全生产管理工作进行了介绍，并提出如下要求：

(1) 详细介绍了项目监理机构的安全生产管理人员配置及分工；

(2) 介绍了监理规划中安全生产管理方案的主要内容，重点从安全生产管理的重点、工作方针和目标、工作依据、组织机构、工作程序、主要工作内容、工作制度及措施等方面进行了详细介绍和说明；

(3) 对现场安全生产的监理工作，包括专项施工方案审核、人员资格审核、机械设备的核验、现场安全检查与巡视等提出了明确要求；

(4) 对施工单位的安全生产准备情况提出了具体意见和要求，要求施工单位及时进行完善；

(5) 会议决定每周三下午 1：30 在项目部会议室召开安全生产例会。安全生产例会由专业监理工程师主持，参加人员为：总包及各分包单位专职安全生产管理人员。安全生产例会主要内容包括：上周施工单位安全生产管理和施工现场安全现状及存在的问题；上周安全问题分析、改进措施研究；本周安全生产工作的计划和要求。

四、施工过程中安全生产管理的监理工作

(一) 检查施工单位安全生产管理体系的运行

1. 建立总包、分包单位报审台账表，检查施工单位（总包、分包）资质、安全生产

许可证

为便于动态管理，建立总包、分包单位报审登记台账表，见表 7-6。

总包、分包单位登记台账表 **表 7-6**

序号	施工单位名称	承包范围	资质	进场时间	安全生产许可证号/有效期	安全生产协议书	项目经理	证书号	安全考核证号/有效期	安全员	安全考核证号/有效期	合同备案
1	某建筑有限公司	总包	房屋建筑工程施工总承包特级	2009.9.22	(×) JZ 安许证字 [2004] ××× 2014-1-13	2009.8.4	周某	×××	×建安 B (2011) ××× 2014.5.2	龚某 张某	×建安 C (2010) ××× ×建安 C (2010) ××× 2013-8-16	×××
2	某基础工程有限公司	土方开挖	土石方工程专业承包贰级	2011.5.25	(×) JZ 安许证字 [2006] ××× 2013-12-7	2011.4.30	米某	×××	×建安 B (2005) ××× 2013-12-7	施某	×建安 C (2005) ××× 2013-12-7	×××
3	某机械施工工程有限公司	建筑机械设备租赁安装拆除	起重设备安装工程专业承包壹级	2011.6.8	(×) JZ 安许证字 [2008] ××× 2014-1-11	2011.5.30	陈某	×××	×建安 B (2005) ××× 2014-1-16	邓某	×建安 C (2009) ××× 2012-7-8	×××
	…	…	…	…	…	…	…	…	…	…	…	…

2. 检查项目经理、专职安全生产管理人员和专职管理人员的到位情况

为确保施工单位安全生产管理体系的有效运转，不定期对施工单位相关管理人员到岗情况进行抽查并记录，发现未到岗现象及时予以督促。对施工单位相关管理人员的到岗情况抽查每周不少于 3 次。

项目监理机构建立了总包、分包单位管理人员到岗情况检查记录表，见表 7-7。

总包、分包单位管理人员到岗情况检查记录表 **表 7-7**

<table>
<tr><th>单 位</th><th>姓 名</th><th>职 务</th><th>到岗情况</th><th>检查日期</th><th>检查人</th></tr>
<tr><td rowspan="7">某建筑有限公司
(总包)</td><td>周某</td><td>项目经理</td><td></td><td></td><td></td></tr>
<tr><td>姚某</td><td>项目工程师</td><td></td><td></td><td></td></tr>
<tr><td>龚某</td><td>专职安全员</td><td></td><td></td><td></td></tr>
<tr><td>张某</td><td>专职安全员</td><td></td><td></td><td></td></tr>
<tr><td>丁某</td><td>电气工程师</td><td></td><td></td><td></td></tr>
<tr><td>唐某</td><td>质量员</td><td></td><td></td><td></td></tr>
<tr><td>韦某</td><td>项目经济师</td><td></td><td></td><td></td></tr>
<tr><td rowspan="2">某基础工程有限公司
(分包)</td><td>米某</td><td>项目经理</td><td></td><td></td><td></td></tr>
<tr><td>施某</td><td>专职安全员</td><td></td><td></td><td></td></tr>
<tr><td colspan="6">备注：</td></tr>
</table>

3．检查施工单位安全生产管理制度

项目监理机构每月不定期抽查一次施工单位的安全生产管理制度的落实情况，并留下相关检查记录。

4．审查施工单位特种作业人员资格

项目监理机构主要从以下三个方面审查特种作业人员的上岗资格：

（1）对电工、焊工、架子工、起重机械工、塔吊司机及指挥、垂直运输机械操作工等特种作业人员的特种作业操作证进行审查；

（2）审查特种作业人员的操作证是否真实及是否在有效期内，若人员变更，要求施工单位及时书面上报相关变更手续；

（3）作业过程中，现场抽查特种作业人员持证上岗情况和上报名单符合情况，并填写生产安全管理监理巡视检查记录。

现场抽查确保每月把现场所有特种工种的持证上岗情况和上报名单符合情况检查一次并进行记录，发现未持证上岗或持证人和上报名单中人员不符合时，及时予以制止，待情况符合后方允许其进行作业。

如2011年12月20日，项目监理机构现场抽查架子工5人，分别为：刘某（身份证号：×××）、丁某（身份证号：×××）、王某（身份证号：×××）、邓某（身份证号：×××）、田某（身份证号：×××），上述五人经与施工单位上报的架子工名单对照，其中丁某与上报名单不相符。对此，监理项目部责令丁某立即停止作业，并要求施工单位必须上报其资料并经审核合格后，方能进行作业。

（二）审查危险性较大分部分项工程的专项施工方案

危险性较大的工程开工前，施工单位应编制专项施工方案，并按照规定程序完成内部审批程序后，填写《施工组织设计（方案）报审表》，并报送项目监理机构审核。

对危险性较大的分部分项工程专项施工方案主要从以下几个方面进行审查：

（1）程序性审查。专项施工方案必须由施工总包单位技术负责人审批，分包单位编制的，应经施工总包单位审批。应组织专家组进行论证的必须有专家组最终确认的论证审查报告，专家组的成员组成和人数应符合有关规定。对项目监理机构审查后不符合要求的，施工单位应按原程序重新办理报审手续。

（2）符合性审查。专项施工方案必须符合工程建设强制性标准要求，并包括安全技术措施、监控措施、安全验算结果等内容。

（3）针对性审查。专项施工方案应针对工程特点以及所处环境等实际情况，编制内容应详细具体，明确操作要求，应包括安全技术和保证措施、应急救援预案和文明施工措施。

如项目监理机构在审核施工单位报审的基坑工程施工方案时发现，该方案中仅涉及周边房屋及周边地下管线的保护措施，未考虑地铁隧道区间及旁通道的保护措施。对此，项目监理机构在审核意见中要求施工单位补充地铁隧道区间及旁通道的专项保护措施，并报送项目监理机构审核。

又如模板支撑体系分为普通和高大两种类型，根据《危险性较大的分部分项工程安全管理办法》（建质［2009］87号）规定：搭设高度8m及以上；搭设跨度18m及以上，施工总荷载15kN/m^{2}及以上；集中线荷载20kN/m及以上的混凝土模板支撑工程需编制专项施工方案并进行专家论证。根据本工程结构体系布置，需进行论证的部位包括以下几种情况，见表7-8～表7-10所示。

集中线荷载15kN/m及以上的模板支撑体系 **表7-8**

楼　　层	梁截面尺寸 $b\times h$（mm）	最大跨度（mm）
B2	1300×500、1100×600、900×800 700×900、1100×900、1100×1200	2400～10500
B1	1100×600	7000
入口大厅及贵宾厅	600×1200、600×1300 600×1600、500×1200	19600
排演厅A	500×1200	4200

施工总荷载10kN/m² 及以上的模板支撑体系 **表7-9**

楼层	板厚（mm）	层高（m）	楼层	板厚（mm）	层高（m）
B4	300、400、500、600	2.8	B2	300、350、400、500、600	4.5
B3	300、400、500、600	2.1	B1	300、350、400、500、600	4.5

搭设高度超过8m的模板支撑体系 **表7-10**

区　域	搭设高度（m）	区　域	搭设高度（m）
排演厅A	18～23.6	入口大厅及贵宾厅	8.5、9.55
排演厅B	19		

施工总包单位在施工前，先后将两种类型的模板支撑体系方案报项目监理机构审核，在审查模板支撑专项施工方案时，专业监理工程师发现存在如下问题：

（1）施工单位将表7-8和表7-9中的模板支撑体系均归于普通模板支撑体系，未进行专家论证，违反了《危险性较大的分部分项工程安全管理办法》（建质［2009］87号）中第五条第三款的规定；

（2）截面为1100mm×1200mm的梁的模板支撑体系计算不合理，恒载取值偏小。

对此问题，专业监理工程师提出如下审查意见：

（1）对表7-8和表7-9中所列的模板支撑体系重新编制专项施工方案；并按要求组织专家论证；

（2）对截面为1100mm×1200mm的梁的支撑体系重新进行计算，并按要求在梁下加设立杆。

为了便于掌握危险性较大的工程施工情况，项目监理机构建立了危险性较大的分部分项工程一览表，见表7-11。

危险性较大分部分项工程一览表 **表7-11**

序号	危险性较大工程名称	专项方案	方案编制日期	专家论证日期	专家意见回复	安全细则编制日期	安全交底日期	安全巡视监督记录
1	基坑支护、降水工程 土方开挖工程	基坑施工方案	2009.8.10	2009.9.23	2009.9.28	（2011.6.20施工） 2011.6.15	2011.6.21	2011.6.22～2011.12.28

续表

序号	危险性较大工程名称	专项方案	方案编制日期	专家论证日期	专家意见回复	安全细则编制日期	安全交底日期	安全巡视监督记录
2	起重吊装及安装拆卸工程	塔吊专项施工方案	2011.3.21	2011.4.13	2011.4.17	2011.4.20	2011.4.27	2011.5.8～2011.5.28
3	模板工程及支撑体系	模板工程及支撑体系专项施工方案	2011.11.23	2011.12.8	2011.12.11	2011.12.13	2011.12.13	2011.12.13～
…	…	…	…	…	…	…	…	…

（三）核查起重机械和自升式架设设施的验收手续

根据工程开工前施工单位提供和确认报送的建筑起重机械和自升式架设设施清单，项目监理机构重点核查（验收）了以下起重机械和自升式架设设施的验收手续：

（1）塔式起重机（验收）；

（2）施工升降机；

（3）附着升降式脚手架；

（4）吊篮；

（5）自升式模板架体。

对建筑起重机械，项目监理机构主要核查以下验收资料：

（1）建筑起重机械特种设备制造许可证、产品合格证、制造监督检验证明、备案证明等文件；

（2）建筑起重机械安装单位、使用单位的资质证书、安全生产许可证和特种作业人员的特种作业操作资格证书；

（3）建筑起重机械安装、拆卸工程专项施工方案；

（4）检验检测机构签发的安装质量检测报告；

（5）施工单位验收记录。

根据某市规定，对本工程所使用的起重机械，项目监理机构进一步核查了以下资料：

（1）设备监管卡和某市建设机械编号牌；

（2）检验检测机构签发的《某市建设工程施工现场机械安装验收合格证》和建筑机械安装质量检测报告；

（3）建筑机械安装检测报告中不合格项的整改合格资料；

（4）施工现场该机械、安全设施的警示牌及机械性能牌。

项目监理机构分别建立了塔式起重机械和设备一览表（表7-12），以便于动态检查和管理。

塔式起重机械一览表　　表7-12

序号	设备名称/型号	检测日期	机械编号牌	合格证编号	安装验收日期	司机指挥	证号及有效期	加节	附墙	拆除	验收人
1	塔式起重机（1号）QTD170	2011.7.1	S8522t	XH0-01015	2011.7.6	王某 夏某	××××× 2015-7-23 ××××× 2015-5-9	未涉及	未涉及	未涉及	蒋某

续表

序号	设备名称/型号	检测日期	机械编号牌	合格证编号	安装验收日期	司机指挥	证号及有效期	加节	附墙	拆除	验收人
2	塔式起重机（2号）STL180	2011.7.1	S8447t	XH0-01013	2011.7.6	李某 饶某	××××× 2015-5-19 ××××× 2016-7-29	未涉及	未涉及	未涉及	蒋某

在起重机械、自升式架设设施在装拆、加节、升降前，项目监理机构分别对其进行检查（本工程主要检查内容见表7-13），并会同施工单位对设备基础和对建筑物的机械附着部位共同检查验收，同时在装拆、加节、升降过程中，项目监理机构对施工单位专职安全生产管理人员现场管理、警戒线设置、专人监护和作业人员安全防护进行巡视检查。

起重机械和自升式架设设施检查记录表 **表7-13**

工程名称： 编号：

总包单位		使用部位	
设备名称		型号/编号	
安装单位		拆除单位	
安装前	检查内容： （1）产品合格证：有□无□ 产品使用说明书：有□无□ （2）设备监督卡：有□无□ 某市建设机械编号牌：有□无□ （3）专项施工方案：监理已审批□监理未审批□ （4）进场设备与专项施工方案相符性：符合□不符合□ （5）分包单位资质审核：监理已审批□监理未审批□ 特种作业人员操作证：齐□缺□ （6）设备基础与专项施工方案相符性：符合□不符合□ （7）安全技术交底：已□未□ 日 期：		
加节、升降前	检查内容： （1）专项施工方案：监理已审批□监理未审批□ （2）设备附着点位置、强度与专项施工方案相符性：符合□不符合□ （3）特种作业人员操作证：齐□缺□ （4）安全技术交底：已□未□ 日 期：		
拆除前	检查内容： （1）专项施工方案：监理已审批□监理未审批□ （2）分包单位资质审核：监理已审批□监理未审批□ 特种作业人员操作证：齐□缺□ （3）安全技术交底：已□未□ （4）施工单位检查记录：有□无□ 日 期：		
存在问题及处理意见： 项目监理机构： 监理人员： 日 期：			

（四）审核安全防护、文明施工措施费用

项目监理机构根据施工合同的约定审核安全防护、文明措施等的支付申请。

（五）核准施工现场安全质量标准化达标工地考核评分

对施工现场安全质量标准化达标工地考核评分的核准主要包括以下几个方面：

（1）督促施工总包单位每周进行自检，每月网上填报月度自查评分。督促施工总包单位网上对施工分包单位进行月度评价，督促施工总包单位上网填报危险性较大工程上报记录。

（2）项目监理机构动态考核施工现场安全质量标准化达标工地实施情况，根据每月的考核情况填写施工现场安全质量标准化达标工地考核评分检查记录，并以此为依据，对施工总包单位的每次自查评分和施工总包单位对施工分包单位的月度评价进行审查并核准，由生产安全管理监理人员汇总后网上填报月度核准结果。

（3）项目监理机构对施工总包单位网上填报的危险性较大工程上报记录进行初审，并在网上填报监理初审记录。

（4）各分包单位所承担的施工内容完成后及工程竣工后，项目监理机构核准施工总包单位对施工分包单位的考核评定。

五、安全生产管理的基本工作方法和手段

（一）审查核验

项目监理机构重点审查核验施工单位报送的相关安全生产管理文件及资料。

如项目监理机构对施工单位报送的基坑土方开挖施工专业分包单位资料，主要从以下几个方面进行审查：

（1）分包工程类别、分包工程数量、分包工程规模和分包工程造价；

（2）企业法人营业执照有效期及注册资本及经营范围；

（3）分包单位资质类别、等级及具备的承包工程范围；

（4）安全生产许可证及有效期；

（5）项目经理及专职安全生产管理人员配置及相对应岗位证书、安全生产考核合格证书编号及有效期；

（6）项目经理及专职安全生产管理人员的委任、委派书；

（7）中标通知书及分包合同备案情况。

项目监理机构在审查时发现以下问题：

（1）施工分包单位资格报审表中未注明分包工程造价和分包工程规模；

（2）未提供项目经理执业资格证书及项目经理、专职安全生产管理人员的委任、委派书；

（3）专职安全生产管理人员的安全生产考核合格证书即将于一个月后到期。

对此专业监理工程师提出如下审查意见，并要求施工单位完善后再次报审：

（1）施工分包单位资格报审表中需明确注明分包工程造价和分包工程规模；

（2）补充报送项目经理执业资格证书及项目经理、专职安全生产管理人员的委任、委派书；

（3）在专职安全生产管理人员的安全生产考核合格证书到期前一周提供合格的考核证书。

（二）巡视检查

（1）巡视检查范围。项目监理机构对施工现场巡视检查范围为施工单位的施工作业计划范围，项目监理机构要求施工总包单位书面上报施工作业计划。监理正常工作时间以外（一般指夜间和节假日）的验收及危险性较大工程的施工必须提前 2 天报项目监理机构备案后方能进行。

对项目监理机构正常工作时间以外的施工作业计划范围内的施工，项目监理机构要求施工总包单位提前书面上报相关施工内容、施工时间段等详细施工安排，项目监理机构在收到相关上报资料后，按相关要求进行巡视检查，如该施工内容属于危险性较大分部分项工程施工，尚应加大巡视检查的力度。

（2）巡视检查内容。巡视检查应留下记录，巡视内容包括：

1）施工作业是否按施工方案进行，是否有违反强制性标准情况；

2）施工单位专职安全生产管理人员及相关专业技术人员到岗工作情况；

3）施工现场与施工组织设计中的安全技术措施、专项施工方案和安全防护措施费用使用计划的相符情况；

4）施工现场存在的安全事故隐患，及按照项目监理机构的指令整改情况；

5）项目监理机构签发的工程暂停令实施情况。

（3）危险性较大的工程施工作业时加大巡视检查力度，根据施工作业进展情况，每日巡视检查次数不少于一次，并填写危险性较大工程巡视检查记录。

（4）对施工总包单位组织的安全生产检查每月抽查一次，并加强对节假日、季节性、灾害性天气期间以及主管部门有规定要求时的抽查次数。

（5）参加建设单位组织的安全生产专项检查。

如，本工程基坑最大开挖深度 15.7m，属危险性较大工程，在基坑开挖和支撑施工过程中，项目监理机构每天至少巡视检查一次，并根据工程特点和施工实际，重点检查见表 7-14 中所列内容和检查方法。

危险性较大工程巡视检查表

（基坑土方开挖及支撑支护施工巡视检查记录表） **表 7-14**

施工内容： 日期：

类别	序号	巡视检查项目	情况描述、存在问题及处理意见和措施	巡视检查时间及检查人
通用条款	1	按专项施工方案实施施工情况		
	2	执行强制性标准条文情况		
	3	施工单位专职安全生产管理人员到岗情况		
本工程基坑开挖及支撑施工专用条款	4	挖土机械挖土施工时是否有现场监护人		
	5	土方运输机械是否有人指挥		
	6	基坑周边及堆土平台上堆物是否符合设计和方案要求		
	7	基坑周围及支撑上的防护栏杆和围网是否符合要求		
	8	基坑内登高设施是否及时设置		
	9	基坑支撑底部是否及时清理		

续表

类别	序号	巡视检查项目	情况描述、存在问题及处理意见和措施	巡视检查时间及检查人
本工程基坑开挖及支撑施工专用条款	10	应急物资准备情况		
	11	基坑周边房屋及土体是否有裂纹及裂纹变化情况		
	12	基坑围护是否有渗、漏水现象		
	13	坑底是否有隆起、管涌及流砂现象		
	14	挖土是否碰撞格构立柱、围护结构、工程桩、降水管等		
	15	是否出现土方坍塌现象		
	16	其他情况		

注：1. 应详细注明巡视时间；

2. 对出现的问题及处理意见和措施应详细具体描述，并留下影像记录。

(三) 告知

项目监理机构对在生产安全管理监理工作中对施工单位的要求进行事先告知。

(四) 通知

项目监理机构对巡视检查中发现的安全隐患或违反现行法律法规、部门规章和工程建设强制性标准，未按照施工组织设计中的安全技术措施和专项施工方案组织施工等情况时，由专业监理工程师或总监理工程师签发监理工程师通知单指令限期整改。监理工程师通知单发送施工总包单位，并报送建设单位。

施工单位针对监理机构指令进行整改后填写监理工程师通知回复单，项目监理机构收到监理工程师通知回复单后重点对整改结果进行复查，并签署复查意见。

项目监理机构签发的监理工程师通知单重点包括以下内容：

(1) 事由。事由力求简洁明了、一目了然看出签发该通知单的原因和核心问题。

(2) 内容。监理工程师通知单的内容重点包括以下几点：

1) 对存在的安全隐患及具体位置、部位等详细陈述，并附影像资料；对未按照施工组织设计中的安全技术措施或专项施工方案组织施工，详细阐明目前施工与施工组织设计中的安全技术措施或专项施工方案具体内容的不符合性；

2) 违反现行法律、法规、规章和工程建设强制性标准具体条文；

3) 要求施工单位加强相应的专项检查，落实相应的安全生产责任制，防止类似问题的再次发生等。

(3) 整改期限。整改期限力求叙述具体、准确，如“在 48 小时内”。

(4) 抄报。监理工程师通知单在发送施工单位的同时，及时抄送建设单位。

如本工程地下四层结构脚手架搭设施工时，项目监理机构在巡视检查中发现：

(1) 位于基坑东侧深、浅坑搭接处的脚手架搭设普遍存在浅坑处的纵向扫地杆未向深坑处延伸两跨，且靠近浅坑边坡上方的一排立杆与边坡的距离为 35cm，违反了《建筑施工扣件式钢管脚手架安全技术规程》JGJ 130—2011 中第 6.3.3 条的强制性要求；

(2) 部分位置剪刀撑未按方案设置。

对上述问题，项目监理机构签发了如表 7-15 所示的监理工程师通知单。

监理工程师通知单（实例） **表 7-15**

工程名称：某迁建工程 编号：C202-046

<table>
<tr><td>致：某建筑有限公司某迁建工程项目经理部
事由：关于地下四层结构脚手架搭设施工中存在的问题的事宜
内容：
本日上午 9：30 我部现场巡视检查发现，地下四层结构脚手架搭设施工中存在以下问题：
（1）位于基坑东侧深、浅坑搭接区域的脚手架搭设普遍存在浅坑处的纵向扫地杆向深坑处延伸长度不满足两跨，且未与深坑内立杆固定；
（2）基坑东侧深、浅坑搭接区域的脚手架在靠近边坡上方的一排立杆轴线到边坡的距离为 35cm；
（3）L～P/3～6 轴线间脚手架未设置剪刀撑。
上述第（1）、（2）条违反了《建筑施工扣件式钢管脚手架安全技术规程》JGJ 130—2011 中第 6.3.3 条：“脚手架立杆基础不在同一高度时，必须将高处的纵向扫地杆向低处延长两跨与立杆固定，高低差不应大于 1m。靠边坡上方的立杆轴线到边坡的距离不应小于 500mm。”的强制性要求，第（3）条与贵部所报审并审核通过的《脚手架专项施工方案》附图 3 中的布置方案不符。
经检查，未发现近期贵部对脚手架搭设施工进行相关安全检查记录。
对此，我部要求贵部对上述问题立即进行整改、并将整改结果报于我部复核。
同时要求贵部加强脚手架搭设施工的安全技术交底和检查落实脚手架的专项安全生产责任制、专职安全生产管理人员加强检查以及时发现问题，并积极采取预防措施，防止类似问题的再次发生。

整改期限：24 小时
抄报：某迁建工程办公室

项目监理机构：某工程咨询有限公司
某迁建工程项目部

总/专业监理工程师：×××
日期：××年××月××日</td></tr>
</table>

（五）停工

项目监理机构发现施工现场安全事故隐患情况严重，应报建设单位要求暂停施工，如施工现场发生重大险情或安全事故，由总监理工程师及时签发工程暂停令，并按实际情况指令局部停工或全面停工。工程暂停令在发送施工总包单位的同时报送建设单位。

施工单位针对项目监理机构指令整改后，需填写工程复工报审表进行报审，项目监理机构着重复查整改结果，并签署复查意见。

项目监理机构签发的工程暂停令中应重点详细说明停工原因、停工范围、停工时间以及相关要求等内容。

如，本工程在 SMW 三轴搅拌桩坑内加固施工时，施工现场内一水泥筒仓因受挖掘机碰撞发生倾覆事故，对此项目监理机构立即签发了如表 7-16 所示的工程暂停令。

工程暂停令（实例） **表 7-16**

工程名称：某迁建工程 编号：B504-002

<table>
<tr><td>
致：某建筑有限公司某迁建工程项目经理部
由于：
2011 年 4 月 19 日 16：00 时左右，施工现场内一水泥筒仓因受挖掘机碰撞发生倾覆事故，事故发生时，我部监理人员现场发现贵部相关管理人员严重缺位，且事故发生后贵部相关管理人员亦未立即赶赴现场采取处理措施。
上述问题反映贵部对相关安全生产管理制度落实不到位、应急救援意识薄弱、安全生产管理体系运转失常。
为确保本工程后续施工安全有效进行，经与建设单位协商，要求贵部务必于 2011 年 4 月 19 日 17：00 时起，对本工程全面暂停施工，并按下述要求做好各项工作：
（1）对现场施工作业人员进行安全教育。
（2）对相关管理人员进行安全生产管理制度教育。
（3）分析相关原因，对相关责任人员进行教育、处理，并将相关处理情况上报我部。
（4）制定相关管理人员值班措施，并将相关值班表报于我部，确保安全生产管理体系有效运转。
（5）对现场进行全面安全检查，及时排除安全隐患。
以上相关事宜要求贵部于 2011 年 4 月 21 日 9：00 前整改完成，并书面提出复工报告，经我部复查合格并同意签认后方能恢复施工。

抄报：某迁建工程办公室

项目监理机构：某工程咨询有限公司
某迁建工程项目部
总监理工程师：×××
日　　期：××年××月××日
</td></tr>
</table>

（六）会议

按照第一次工地例会所确定的安全例会制度予以落实。同时根据实际需要，必要时召开安全生产专题会议。

各类会议均由项目监理机构相关人员主持并形成会议纪要，会议纪要经与会各方会签、盖章形成文件予以落实。

（七）报告

项目监理机构在实施监理过程中，发现存在安全事故隐患时，及时要求施工单位整改；情况严重时，要求施工单位暂时停止施工，并及时报告建设单位。施工单位拒不整改或者不停止施工时，项目监理机构及时向有关建设行政主管部门报告。

（八）监理日记

项目监理机构由专业监理工程师每日如实记录安全生产管理的监理工作，监理日志中主要包括以下安全生产管理的监理工作：

（1）当日施工现场的安全状况；

（2）当日生产安全管理的主要工作；

（3）当日有关安全生产方面存在的问题及处理情况。

每日监理日志由专业监理工程师完成并签字后，交由总监理工程师审核、签字。

如 2011 年 9 月 7 日，项目监理机构专业监理工程师对当天的安全生产管理工作，在监理日志中记录如下：

(1) 本日安全生产管理的主要监理工作：

1) 基坑开挖施工例行安全巡视检查；

2) 上午10：30左右进行现场临时用电安全检查；

3) 下午1：30组织召开安全例会。

(2) 本日施工现场的安全状况和存在的问题：

1) 基坑开挖施工有序进行，未发现安全隐患和安全问题；

2) 下午对现场临时用电进行安全检查时发现，场地东北角一电箱的电源进线端采用插座连接；场地西侧钢筋加工场地处，电线直接绑扎在护栏杆上。

(3) 对存在问题的处理情况。电箱的电源进线端采用插座活动连接和电线直接绑扎在护栏杆上违反了《施工现场临时用电安全技术规范》JGJ 46—2005中第8.2.15条（强制性条文）和第7.1.2条的规定，对上述存在的问题，检查结束后立即签发了第39号监理工程师通知单，要求立即整改；下午1：30分召开的安全例会上再次对上述问题提出明确整改要求，并要求施工单位加强施工现场临时用电安全管理工作。下午4：00许，施工单位整改结束，经我方现场复查，整改结果符合要求。

（九）监理月报

项目监理机构每月25日编制监理月报，经总监理工程师审核签字后发送本监理单位、建设单位。监理月报中安全生产管理的主要内容包括：

(1) 当月工程形象进度（重点描述危险性较大工程施工进度）；

(2) 当月危险性较大工程作业和施工现场安全状况及分析，并附影像资料；

(3) 当月施工单位安全生产管理情况；

(4) 当月安全生产管理的主要监理工作、措施和效果；

(5) 当月签发的安全生产管理监理文件、指令及回复情况；

(6) 下月安全生产管理的监理工作计划。

第三节　生产安全事故案例

（本节内容摘自住房和城乡建设部工程质量安全监管司组织编写的《建筑施工安全事故案例分析》，中国建筑工业出版社，2010年1月）

一、"08·13"大桥坍塌事故

（一）事故概况

2007年8月13日，湖南省凤凰县堤溪沱江大桥在施工过程中发生坍塌事故，造成64人死亡、4人重伤、18人轻伤，直接经济损失3974.7万元。

堤溪沱江大桥全长328.45m，桥面宽13m，桥墩高33m，设3%纵坡，桥型为4孔65m跨径等截面悬链线空腹式无铰拱桥，且为连拱石桥。

2007年8月13日，堤溪沱江大桥施工现场7支施工队、152名施工人员正在进行1～3号孔主拱圈支架拆除和桥面砌石、填平等作业。施工过程中，随着拱上荷载的不断增加，1号孔拱圈受力较大的多个断面逐渐接近和达到极限强度，出现开裂、掉渣，接着掉下石块。最先达到完全破坏状态的0号桥台侧2号腹拱下方的主拱断面裂缝不断张大下沉，下沉量最大的断面右侧拱段（1号墩侧）带着2号横墙向0号台侧倾倒，通过2号腹拱挤压1号腹拱，因1号腹拱为三铰拱，承受挤压能力最低而迅速破坏下塌。受连拱效应影响，整个大桥迅速向0号台方向坍塌，坍塌过程持续了大约30s。事故现场如图7-5，图7-6所示。

图7-5　湖南省凤凰县“08·13”大桥坍塌事故现场（一）

图7-6　湖南省凤凰县“08·13”大桥坍塌事故现场（二）

根据事故调查和责任认定，对有关责任方作出以下处理：建设单位工程部长、施工单位项目经理、标段承包人等24名责任人移交司法机关依法追究刑事责任；施工单位董事长、建设单位负责人、监理单位总工程师等33名责任人受到相应的党纪、政纪处分；建设、施工、监理等单位分别受到罚款、吊销安全生产许可证、暂扣工程监理证书等行政处罚；责成湖南省人民政府向国务院作出深刻检查。

（二）原因分析

1. 直接原因

堤溪沱江大桥主拱圈砌筑材料不满足规范和设计要求，拱桥上部构造施工工序不合理，主拱圈砌筑质量差，降低了拱圈砌体的整体性和强度，随着拱上施工荷载的不断增加，造成1号孔主拱圈靠近0号桥台一侧拱脚区段砌体强度达到破坏极限而崩塌，受连拱效应影响最终导致整座桥坍塌。

2. 间接原因

(1) 建设单位严重违反建设工程管理的有关规定，项目管理混乱。一是对发现的施工质量不符合规范、施工材料不符合要求等问题，未认真督促整改；二是未经设计单位同意，擅自与施工单位变更原主拱圈设计施工方案，且盲目倒排工期赶进度、越权指挥施工；三是未能加强对工程施工、监理、安全生产等环节的监督检查，对检查中发现的施工人员未经培训、监理人员资格不合要求等问题未督促整改；四是企业主管部门和主要领导不能正确履行职责，疏于监督管理，未能及时发现和督促整改工程存在的重大质量和安全事故隐患。

(2) 施工单位严重违反有关桥梁建设的法律法规及技术标准，施工质量控制不力，现场管理混乱。一是项目经理部未经设计单位同意，擅自与业主单位商议变更原主拱圈施工方案，并且未严格按照设计要求的主拱圈砌筑方式进行施工；二是项目经理部未配备专职质量监督员和安全员，未认真落实整改监理单位多次指出的严重工程质量和安全事故隐患；主拱圈施工不符合设计和规范要求的质量问题突出；主拱圈施工各环在不同温度无序合龙，造成拱圈内产生附加的永存的温度应力，削弱了拱圈强度；三是项目经理部为抢工期，连续施工主拱圈、横墙、腹拱、侧墙，在主拱圈未达到设计强度的情况下就开始落架施工作业，降低了砌体的整体性和强度；四是项目经理部技术力量薄弱，现场管理混乱；五是项目经理部的直属上级单位未按规定履行质量和安全生产管理职责；六是施工单位对工程施工安全质量监管不力。

(3) 监理单位违反有关规定，未能依法履行工程监理职责。一是现场监理对施工单位擅自变更原主拱圈施工方案，未予以坚决制止。在主拱圈施工关键阶段，监理人员投入不足，有关监理人员对发现施工质量问题督促整改不力，不仅未向有关主管部门报告，还在主拱圈砌筑完成但拱圈强度尚未测出的情况下，即在验收砌体质检表、检验申请批复单、施工过程质检记录表上签字验收合格；二是对现场监理管理不力。派驻现场的技术人员不足，半数监理人员不具备执业资格。对驻场监理人员频繁更换，不能保证大桥监理工作的连续性。

(4) 承担设计和勘察任务的设计院，工作不到位。一是违规将地质勘察项目分包给个人；二是前期地质勘察工作不细，设计深度不够；三是施工现场设计服务不到位，设计交底不够。

(5) 有关主管部门和监管部门对该工程的质量监管严重失职、指导不力。一是当地质量监督部门工作严重失职，未制订质量监督计划，未落实重点工程质量监督责任人。对施工方、监理方从业人员培训和上岗资格情况监督不力，对发现的重大质量和安全事故隐患，未依法责令停工整改，也未向有关主管部门报告；二是省质量监督部门对当地质量监督部门业务工作监督指导不力，对工程建设中存在的管理混乱、施工质量差、存在安全事故隐患等问题失察。

(6) 州、县两级政府和有关部门及省有关部门对工程建设立项审批、招投标、质量和安全生产等方面的工作监管不力，对下属单位要求不严，管理不到位。一是当地交通主管部门违规办理工程建设项目在申报、立项期间的手续和相关文件；二是该县政府在解决工程征迁问题、保障施工措施不力，致使工期拖延，开工后为赶进度，压缩工期；三是当地政府在工程建设项目立项审批过程中，违反基本建设程序和招投标法的规定。对工程建设项目多次严重阻工、拖延工期及施工保护措施督促解决不力，盲目赶工期，又对后期实施工作监督检查不到位；四是湖南省交通厅履行工程质量和安全生产监管工作不力。违规委托设计单位编制勘察设计文件；违规批准项目开工报告；对省质监站、公路局管理不力，督促检查不到位；对工程建设中存在的重大质量和安全事故隐患失察。

(三) 事故教训

(1) 有法不依、监管不力。地方政府有关部门，建设、施工、监理、设计单位都没有严格按照《中华人民共和国建筑法》、《建设工程安全生产管理条例》等有关法规的要求进行建设施工。主要表现在施工单位管理混乱、建设单位抢工期、监理单位未履行监理职责、勘察设计单位技术服务不到位、政府主管部门安全和质量监管不力等。

(2) 忽视安全、质量工作，玩忽职守。与工程建设相关的地方政府有关部门、建设、施工、监理、设计等单位的主要领导安全和质量法制意识淡薄，在安全生产和质量管理工作中严重失职，安全生产和质量管理责任不落实。

(四) 专家点评

这是一起由于擅自变更施工方案而引发的生产安全责任事故。这起事故的发生，暴露了该项目的建设单位、施工单位、监理单位等相关责任主体不认真履行相关的安全生产职责和义务，没有按照法律法规和工程建设标准进行建设。企业负责人和相关人员法制意识淡薄、安全生产责任制不落实。我们应吸取事故教训，做好以下几方面的工作：

(1) 工程建设参建各方应认真贯彻落实《中华人民共和国建筑法》等法律法规，严格执行质量标准，认真落实建设各方安全生产主体责任，加强安全和质量教育培训等基础工作，加强隐患排查和日常监管，强化责任追究，建立事故防范长效机制，控制和减少伤亡事故的发生。

(2) 明确建设单位主体责任。建设单位作为工程建设主体之一，应严格履行安全生产主体职责，一方面要加强对安全生产法律法规的学习，强化安全生产和质量法制意识，认真贯彻落实安全生产法律法规和质量标准。另一方面要建立有效的安全质量监管机制，通过全面协调设计、施工、监理等单位，切实加强质量和安全生产工作。

(3) 强化施工技术管理。施工单位要严格按照施工规范和设计要求进行施工，不得任意变更；要加强技术管理，编制详细的施工组织设计方案、质量控制措施、安全防范措施；加大技术培训力度，提高施工人员素质；加强对原材料选择、砌筑工艺、现场质量控制等关键环节的管理。

(4) 重点强化监理职责。监理单位要切实提高监理人员的业务素质，认真履行监理职责，严格执行各项质量和安全法规、技术标准，重点加强对原材料质量、工程项目施工关键环节、关键工序的质量控制，对发现的现场质量和安全生产问题要坚决纠正并督促整改。

(5) 加强技术服务与支持。设计单位要认真执行勘察设计标准，加强设计后续服务和现场技术指导，要扎实做好工程地质勘察工作，对关键工序的施工要进行细致的技术交底。

(6) 严格依法行政。地方政府和主管部门要坚持“安全发展”的原则，充分考虑工程项目的安全可靠性，要科学地组织和安排工期，坚决纠正凭主观臆断，倒排工期抢进度的行为，依法履行职责，杜绝违章指挥；加强对工程招投标的管理，严格市场准入，规范建筑市场秩序，强化对重大基础设施的隐患排查和专项整治，强化日常安全生产监管。

二、“04·27”边坡坍塌事故

(一) 事故概况

2007年4月27日，青海省西宁市银鹰金融保安护卫有限公司基地边坡支护工程施工现场发生一起坍塌事故，造成3人死亡、1人轻伤，直接经济损失60万元。

该工程拟建场地北侧为东西走向的自然山体，坡体高12～15m，长145m，自然边坡坡度1∶0.5～1∶0.7。边坡工程9m以上部分设计为土钉喷锚支护，9m以下部分为毛石挡土墙，总面积为2000m^2。其中毛石挡土墙部分于2007年3月21日由施工单位分包给私人劳务队（无法人资格和施工资质）进行施工。

4月27日上午，劳务队5名施工人员人工开挖北侧山体边坡东侧5m×1m×1.2m毛石挡土墙基槽。下午16时左右，自然地面上方5m处坡面突然坍塌，除在基槽东端作业的1人逃离之外，其余4人被坍塌土体掩埋。

根据事故调查和责任认定，对有关责任方作出以下处理：项目经理、现场监理工程师等责任人分别受到撤职、吊销执业资格等行政处罚；施工、监理等单位分别受到资质降级、暂扣安全生产许可证等行政处罚。

(二) 原因分析

1. 直接原因

(1) 施工地段地质条件复杂，经过调查，事故发生地点位于河谷区与丘陵区交接处，北侧为黄土覆盖的丘陵区，南侧为河谷地2级及3级基座阶地。上部土层为黄土层及红色泥岩夹变质砂砾，下部为黄土层黏土。局部有地下水渗透，导致地基不稳。

(2) 施工单位在没有进行地质灾害危险性评估的情况下，盲目施工，也没有根据现场的地质情况采取有针对性的防护措施，违反了自上而下分层修坡、分层施工工艺流程，从而导致了事故。

2. 间接原因

(1) 建设单位在工程建设过程中，未作地质灾害危险性评估，且在未办理工程招投标、工程质量监督、工程安全监督、施工许可证的情况下组织开工建设。

(2) 施工单位委派不具备项目经理执业资格的人员负责该工程的现场管理。项目部未编制挡土墙施工方案，没有对劳务人员进行安全生产教育和安全技术交底。在山体地质情况不明、没有采取安全防护措施的情况下冒险作业。

(3) 监理单位在监理过程中，对施工单位资料审查不严，对施工现场落实安全防护措施的监督不到位。

（三）事故教训

（1）《建设工程安全生产管理条例》（以下简称《条例》）已明确规定建设、施工、监理和设计等单位在施工过程中的安全生产责任。参建各方认真履行法律法规明确规定的责任是确保安全生产的基本条件。

（2）这起事故的发生，首先是施工单位没有根据《条例》的要求任命具备相应执业资格的人担任项目经理；其次是施工单位没有根据《条例》的要求编制专项施工方案或安全技术措施。

（3）监理单位没有根据《条例》的要求审查施工组织设计中的安全技术措施、专项施工方案是否符合工程建设强制性标准。对于施工过程中存在的安全事故隐患，监理单位没有要求施工单位予以整改。

（四）专家点评

这是一起由于违反施工工艺流程，冒险施工引发的生产安全责任事故。事故的发生暴露了该工程从施工组织到技术管理、从建设单位到施工单位都没有真正重视安全生产管理工作等问题，我们应从中吸取事故教训，认真做好以下几方面的工作：

（1）导致生产安全事故发生的各环节之间是相互联系的，这起事故的发生是各环节共同失效的结果。因此，搞好安全生产，首先要求建设、施工、监理和设计等单位要全面正确履行各自的安全生产职责，并在此基础上不断规范施工管理程序，规范监理监督程序，规范设计工作程序和业主监管程序，使之持续改进，只有这样，安全生产目标才能实现。需要特别指出的是，监理单位是联系业主、设计与施工单位的桥梁，规范监理单位的安全生产职责是搞好安全生产的重要环节。

（2）落实安全责任、实现本质安全。大量事故表明，事故的间接原因往往是其发生的本质因素。不具备执业资格的项目经理负责该工程的现场管理是此次事故的一个重要原因，如果本项目有一个合格的项目经理，他就会在施工前认真组织制订可行的施工组织设计并认真实施。同样，如果监理单位认真履行安全生产管理职责，就会要求施工单位制定完善的施工组织设计或安全专项措施并认真审核。如果这两个重要环节都有人把好了关，这个事故是完全可以避免的。

（3）强化政府监管、规范市场规则。要强化安全生产监管工作，必须通过政府部门的有效监管，规范市场各竞争主体的经营行为。因此，遏制生产安全事故必须从政府有效监管入手，利用媒体舆论监督推动全社会安全文化建设，建设、施工、监理、设计等单位认真贯彻安全生产法律法规，形成综合治理的局面。

（4）完善建设单位责任、建立监管机制。建设单位要依照法定建设程序办理工程质量监督、工程安全监督手续和施工许可证，并组织专家对地质灾害危险性进行评估。

（5）依法施工生产、认真履行职责。施工单位要认真吸取事故教训，根据地质灾害危险性评估报告制定、落实符合法定程序的施工组织设计、专项施工方案；委派具有相应执业资格的项目经理、施工技术人员、安全管理人员，认真监督管理施工现场安全生产工作；认真做好安全生产教育，严格按照相关标准全面落实各项安全措施。

（6）明确安全职责，强化监督管理。监理单位应认真履行监理职责，严格审查、审批施工组织设计、专项施工方案及专家论证等相关资料，发现安全隐患和管理漏洞时，应监督施工单位停止施工，责令认真整改，待验收合格后方可恢复施工。

三、“03·28”地铁坍塌事故

（一）事故概况

2007年3月28日，北京市海淀区某地铁车站在施工过程中发生一起坍塌事故，造成6人死亡。

该车站为双层暗挖（局部单层暗挖）单柱双跨侧式车站，全长29m，总面积10756.2m²，共设置四个出人口。车站采用暗挖施工，出入口分为暗挖段和明挖段两部分，暗挖通道断面结构形式为拱形直墙带仰拱结构，明挖段通道断面形式为箱形或U形结构。事发当日，施工人员发现东南出入口施工面塌落土方约1m³，开口导洞西侧顶端上部锚喷的格栅混凝土开裂，裂缝在开口导洞的中间位置，宽1cm、长2m左右，立即向项目部报告。工区长到现场时发现裂缝宽度已达5cm左右，项目副经理和项目总工等人赶到现场时，裂缝宽度已达10cm，西侧格栅已呈15°左右向下垂。项目部立即指挥施工人员对拱顶进行加固。9：00左右，在抢险加固过程中，拱顶再次发生塌方，6名施工人员被埋。事故现场及剖面如图7-7、图7-8所示。

图7-7　北京市海淀区“03·28”地铁坍塌事故现场

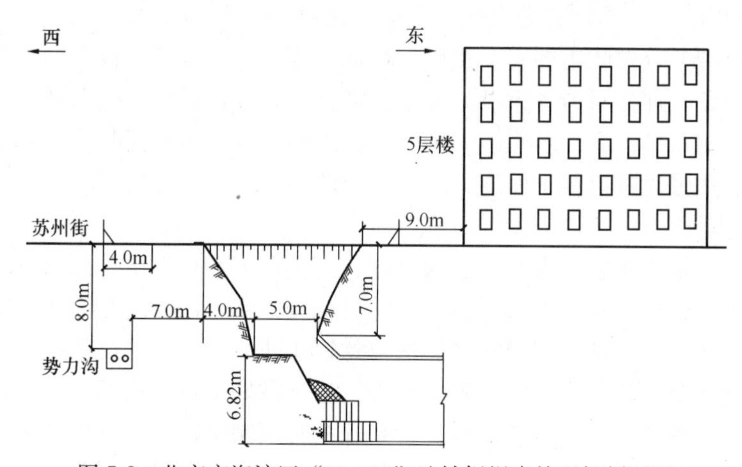

图7-8　北京市海淀区“03·28”地铁坍塌事故现场剖面图

根据事故调查和责任认定，对有关责任方作出以下处理：施工单位法人代表、调度主任、项目经理等4名责任人移交司法机关依法追究刑事责任；项目经理、现场监理工程师等9名责任人分别受到吊销执业资格、罚款等行政处罚；施工单位受到资质降级，同时暂扣安全生产许可证并停止在北京市建筑市场进行招投标资格3个月的行政处罚。

（二）原因分析

1. 直接原因

（1）坍塌处地质及水文条件极差。抢险救援工作证实：坍塌处土质非常疏松，淤泥质土厚约1m，自稳性极差。在加固基坑抢险过程中，坍塌地点东侧约4m处发现地表0.4m以下，有一南北向长约4～5m、东西向长约4m，体积约$24m^3$的不规则空洞，周围土质非常疏松。在上述地质条件下进行浅埋暗挖隧道施工，其上方形成小量坍塌，并迅速发展至地面，形成大塌方。

（2）坍塌处集隧道爬坡、断面变化及转向、覆土层浅、环境和地质条件复杂等多种不利因素，且该暗挖结构本身处于复杂的空间受力状态，当开马头门时，由于地层压力作用导致拱脚失稳，引起已施工做成的导洞变形过大，从而造成导洞拱部产生环向裂缝，并在抢险过程中发生坍塌。

（3）施工单位在已发现拱顶裂缝宽度由最初的1cm发展为10cm，并有少量土方坍塌的情况下，没有制定并采取任何安全措施，组织施工人员实施抢险救援，造成6名抢险施工人员在二次塌方时被埋。

2. 间接原因

（1）该标段地质勘探按照探孔间距不大于50m的规范要求，以40m为间距设置探孔。事故地点处在探孔间距之间，勘探资料未能显示出事故地点实际地质情况。

（2）现场安全生产管理存在漏洞。一是应急预案对施工过程可能出现的风险考虑不全，出现险情后不能按照预案组织抢险；二是对劳务用工管理不严，使用无资质的劳务队伍从事施工作业；三是现场管理人员未严格遵守北京市建设工程安全生产标准、规范等。

（三）事故教训

（1）面对任何险情的出现，必须坚持“以人为本、安全第一”的原则组织应急抢险救援，同时，要强化全员的安全生产培训教育，增强全员安全意识，尤其是抓好项目经理的安全生产培训教育。

（2）加强对劳务分包队伍的安全管理，规范工程分包、劳务分包合同。严禁以包代管或包而不管的现象，加强对劳务人员的安全培训教育和日常管理，提高其自我保护能力。

（3）提高勘测水平。进一步明确、细化对隧道周边进行实时探测的技术要求、实施步骤及探测方法。加强对隧道掌子面前方上、下与两侧的探测并定期组织安全生产大检查。

（四）专家点评

这是一起由于缺少应急救援预案、缺乏应急救援措施和有效组织而引发的生产安全事故。事故的发生暴露出施工单位安全生产责任制不落实，安全生产规程、标准执行不严格，特别是抢险措施不当和有关管理人员法律意识淡薄，同时，也反映出地铁工程施工安全监管存在薄弱环节。我们应当吸取事故教训，认真做好以下几方面的工作：

（1）科学组织施工、强化应急管理。一是开挖必须制定切实可行的施工方案和安全措施，根据隧道“管超前、严注浆、短开挖、强支护、勤量测、紧封闭”的施工原则，对不同施工工况，采用不同的施工方法；二是采用挖孔对地质情况或水文情况进行探察，定期不定期的观察开挖面围岩受力及变形状态，及时发现险兆，制定应对措施；三是加强初期支护，开挖后及时喷锚支护，提高围岩整体稳定性；四是制定事故应急救援预案并加强日常演练，熟悉抢险程序；五是准备必要的抢险物资。

(2) 健全完善施工预警机制。在施工过程中，对地质条件较复杂的地点，要加强地表沉降观测。一是严格建立地表沉降观测点；二是在开挖过程中，必要时对地面建筑进行预加固；三是在隧道开挖时对测量结果进行整理反馈，获得开挖参数与沉降点的关系；四是建立严格的沉降控制网络。

(3) 切实加强总包管理职责。总包单位应认真依法履行各项安全生产职责，强化对施工现场安全生产管理和日常安全检查；督促项目部在组织施工过程中，认真遵守有关安全生产法律法规和各项技术规范的要求；严格审查劳务分包单位的资质条件，加强劳务用工管理。

(4) 进一步明确参建各方安全责任。建设、施工、监理等单位都应认真依法履行对施工过程的安全生产管理职责，针对施工实际情况完善和落实应急预案的各项要求；加强对危险点施工安全管理和监督检查工作；切实加强对劳务队伍的资质审查备案和施工过程的安全生产管理工作。

(5) 完善应急救援预案。在制定地铁工程抢险方案时，必须制定保证抢险人员安全的具体措施，并认真组织实施。针对地质条件复杂的情况，在工程地质勘察时，应根据地铁建设的实际情况，特别是对地铁出入口、折返处等重点部位，增加勘探点的密度。

四、“05·13”模板坍塌事故

(一) 事故概况

2008 年 5 月 13 日，天津市经济技术开发区某通信公司新建厂房工程，在施工过程中发生模板坍塌事故，造成 3 人死亡、1 人重伤。发生事故的厂房东西长 151. 6m，南北宽 18. 75m，建筑面积 33074. 8m^2，为钢筋混凝土框架结构，地下 1 层，地上 3 层，局部 4 层，层高 6m，檐高 23m。

工程于 2007 年 12 月 18 日开工，至 2008 年 5 月 7 日已先后完成桩基施工、地下室、首层和二层主体结构。事发当日，在对第 3 层⑥-⑩轴段的柱和顶部梁、板进行混凝土浇筑作业时，已浇筑完的⑧-⑩轴段的 3 层顶部突然坍塌（坍塌面积约为 700m^2），在下面负责观察和加固模板的 4 名木工被埋压。

根据事故调查和责任认定，对有关责任方作出以下处理：总包单位总经理、项目经理、劳务单位法人等 6 名责任人分别受到记过、撤职并停止在津执业 1 年、罚款等行政处罚；总包、劳务分包等单位受到停止在津参加投标活动 6 个月、吊销专业资质、罚款等行政处罚。

(二) 原因分析

1. 直接原因

(1) 施工单位在组织施工人员对第 3 层⑥-⑪轴段的柱和梁、板进行混凝土浇筑作业过程时，擅自改变原有施工组织设计方案及施工技术交底中规定的先浇筑柱，再浇筑梁、板的作业顺序，而是同时实施柱和梁、板浇筑，使在⑧-⑩轴段区域的 6 根柱起不到应有的刚性支撑作用，导致坍塌。

（2）施工单位未按照模板专项施工方案和脚手架施工方案进行搭设，架件搭设间距不统一，水平杆步距随意加大；未按规定设置纵、横向扫地杆；未按规定搭设剪刀撑、水平支撑和横向水平杆，致使整个支撑系统承载能力降低。

2. 间接原因

（1）施工单位编制的模板专项施工方案和脚手架施工方案对主要技术参数未提出具体规定和要求，对浇筑混凝土施工荷载没有规定；在搭设完模板支撑系统及模板安装完毕后，没有按照规范、方案要求进行验收，即开始混凝土浇筑作业；压缩工期后，未采取任何相应的安全技术保障措施；施工管理方面，在项目部人员配备不齐，技术人员变更、流动的情况下，以包代管，将工艺、技术、安全生产等工作全部交由分包单位实施。

（2）监理单位未依法履行监理职责，未对工程依法实施安全生产管理，对施工单位擅自改变施工方案进行作业、模板支撑系统未经验收就进行混凝土浇筑等诸多隐患，没有采取有效措施予以制止，未按《建设工程监理规范》等有下达《监理通知单》或《工程暂停令》。

（3）开发商在与总包等单位签订压缩合同工期的协议后，未经原设计单位，擅自变更设计方案，且在协议中又约定了以提前后的竣工日期为节点，从而为施工单位盲目抢工期、冒险蛮干起到了助推作用。

（三）事故教训

这起事故的发生，与施工过程中存在的严重违章指挥、违章施工是密不可分的。违章指挥和施工不仅存在于模板支撑系统的搭设过程之中，在混凝土的浇筑过程中更是屡见不鲜。违章指挥和施工所带来的结果，不仅直接导致工程施工面临了更多的风险和安全隐患，而且最终会造成事故。浇筑混凝土作业中，未执行施工组织设计，现场管理人员和技术人员均未及时出现和制止，说明施工管理失控，对劳务分包形成“以包代管”甚至“只包不管”。另外，这起事故中造成伤亡的主要是在混凝土浇筑作业面垂直下方的施工人员，这既违反操作规程也不合常理，直接反映出一线施工人员安全培训教育的缺失和内容缺乏针对性，这类问题必须引起广大施工单位及管理人员的重视。

（四）专家点评

这是一起由于违反施工方案而引发的生产安全责任事故。事故的发生暴露出施工单位存在技术管理缺陷和监理单位安全监督缺失等问题。我们应认真吸取事故教训，做好以下几方面工作：

（1）加强对工期合理性的监管与控制。建设单位不能盲目压缩工期，要依据实际施工情况合理要求；工期必须提前时，应对设计、技术、施工、安全等各方面进行统一协调，制定可行的变更方案，进行施工。

（2）加强施工方案执行过程的监督。施工单位在施工过程中要严格执行已审批的施工方案、施工工艺顺序，施工人员擅自变更施工方案、施工顺序的，工长要及时制止、纠正。施工单位编制施工方案时要依据规范要求，选用合理的技术参数。本道工序未经验收不得进行下道工序。工期、工艺有变更时要制定安全保证措施。

（3）强化监理单位的安全生产管理职责。监理单位要严格按照《建设工程监理规范》认真履行监理职责，发现存在安全事故隐患的，应当要求施工单位及时整改；发现重大隐患的，要采取强制措施；拒不整改的，要及时向有关部门报告。